N. B. Thippeswamy

Bases celulares da rejeição de aloenxertos cutâneos

N. B. Thippeswamy

Bases celulares da rejeição de aloenxertos cutâneos

Princípios da enxertia

ScienciaScripts

Imprint
Any brand names and product names mentioned in this book are subject to trademark, brand or patent protection and are trademarks or registered trademarks of their respective holders. The use of brand names, product names, common names, trade names, product descriptions etc. even without a particular marking in this work is in no way to be construed to mean that such names may be regarded as unrestricted in respect of trademark and brand protection legislation and could thus be used by anyone.

Cover image: www.ingimage.com

This book is a translation from the original published under ISBN 978-3-330-32835-8.

Publisher:
Sciencia Scripts
is a trademark of
Dodo Books Indian Ocean Ltd. and OmniScriptum S.R.L publishing group

120 High Road, East Finchley, London, N2 9ED, United Kingdom
Str. Armeneasca 28/1, office 1, Chisinau MD-2012, Republic of Moldova, Europe
Printed at: see last page
ISBN: 978-620-7-49112-4

Dedicado a

A minha filha Moulya T.

Conteúdo

SOBRE O LIVRO

Neste livro foi explicado claramente o papel das células imunitárias na rejeição de aloenxertos. Tanto os mecanismos de destruição de tecidos específicos do antigénio como os não específicos caracterizam as respostas de rejeição aos aloenxertos de pele, embora seja a ação específica do antigénio das células Tc que determina principalmente a sobrevivência ou a rejeição da pele enxertada. Ambas as funções das células TH e Tc são necessárias para montar uma resposta de reação, e estas duas funções celulares podem ser mediadas por interacções entre populações distintas de células TH e Tc, ou, no caso de respostas de rejeição MHC classe I, por uma única população de células T de dupla função. Para respostas de rejeição isoladas de MHC de classe II, é necessária a produção endógena de IFN-y para induzir a expressão de antigénios alvo de MHC de classe II em queratinócitos que normalmente não os expressam. As respostas de rejeição de aloenxertos de pele são iniciadas *in vivo* pela ativação de células TH reactivas a antigénios por células de Langerhans do dador residentes no enxerto. Por razões pouco claras, as células dendríticas do hospedeiro são incapazes de iniciar respostas de rejeição de aloenxertos cutâneos *in vivo*, apesar de deverem ser capazes de adquirir aloantigénios libertados pelas células do enxerto e de os apresentar sob uma forma imunogénica às células TH reactivas ao antigénio. Parece ser possível promover a aceitação do aloenxerto através da inativação selectiva das células TH reactivas ao antigénio ou das células Tc através de vários protocolos experimentais diferentes As células TH podem ser inactivadas por exposição ao aloantigénio na ausência de células TH ou dos seus produtos. A auto-tolerância pode ser induzida através da utilização de muitos dos anticorpos monoclonais, células dendríticas e moléculas HLA-G. Mesmo o quimerismo misto e a tecnologia anti-sentido estão a ser amplamente utilizados para o desenvolvimento da tolerância. Para suprimir o sistema imunitário, são normalmente utilizados vários fármacos, que podem ser específicos ou não específicos. Alguns dos fármacos não específicos incluem corticosteróides, heparinas, bequinar, etc. Alguns dos fármacos específicos incluem a ciclosporina, o tarcolimus e o sirolimus, que não são utilizados com tanta frequência devido aos seus efeitos secundários.

SOBRE O AUTOR

O Dr. N. B. Thippeswamy obteve o seu mestrado no Departamento de Microbiologia da Universidade de Kuvempu e o seu doutoramento no Departamento de Bioquímica da Universidade de Kuvempu em 1996 e 2014, respetivamente. Tem 14 anos de experiência de ensino e 16 anos de experiência de investigação. A sua principal área de investigação é a Imunologia e a Microbiologia Médica, tendo também publicado um bom número de artigos de investigação.

CAPÍTULO 1

INTRODUÇÃO

A rejeição de aloenxertos de pele tem sido um dos modelos experimentais mais potentes e convenientes para o estudo da destruição de tecidos mediada imunologicamente *in vivo.* Motivada pelas exigências da guerra, a rejeição de aloenxertos cutâneos foi estudada pela primeira vez por Medawar em seres humanos (Gibson e Medawar, 1943) e depois em animais (Medawar, 1944). Na década de 1980, tornou-se possível simplificar de duas formas críticas o sistema experimental no qual as respostas de rejeição *in vivo* eram estudadas, o que levou a uma melhor compreensão da base celular através da qual estas respostas ocorrem. Em primeiro lugar, a criação de estirpes de ratinhos mutantes que exprimem mutações estruturais discretas em produtos do complexo principal de histocompatibilidade tornou possível estudar a rejeição de aloenxertos cutâneos através de disparidades discretas de histocompatibilidade MHC classe I ou classe II na ausência de quaisquer outras diferenças antigénicas. Em segundo lugar, a produção de anticorpos monoclonais contra moléculas acessórias CD4 e CD8 tornou possível examinar o funcionamento *in vivo* de populações isoladas de células T $CD4^+$ e $CD8^+$. Estudos relativamente recentes que utilizaram estas ferramentas resultaram numa apreciação da diversidade de fenótipos celulares envolvidos nas respostas de rejeição de aloenxertos de pele e do facto de as células T de diferentes fenótipos CD4/CD8 expressarem diferentes especificidades de receptores e, assim, mediarem respostas de rejeição contra diferentes classes de antigénios de histocompatibilidade. Estes estudos recentes também resultaram numa perspetiva unificadora potente sobre a fração de

células envolvidas nas respostas de rejeição de aloenxertos de pele: nomeadamente, que as respostas de rejeição são iniciadas pela ativação de células TH secretoras de linfocinas e são mediadas pela destruição celular infligida por células T dependentes de linfocinas, independentemente do fenótipo das células T envolvidas e dos antigénios de histocompatibilidade expressos pelo aloenxerto de pele. As células TH e Tc que interagem são frequentemente, mas não invariavelmente, duas células T distintas com diferentes fenótipos e diferentes especificidades de receptores de células T. Este livro aborda os mecanismos celulares envolvidos na rejeição de aloenxertos cutâneos (Rosenberg e Singer, 1992).

CAPÍTULO 2

A IMUNOLOGIA DA REJEIÇÃO DE ALOENXERTOS

As directrizes básicas para a enxertia de tecidos foram inicialmente elaboradas para o transplante de pele. Durante os primeiros tempos da Segunda Guerra Mundial, o Conselho de Investigação Médica do Reino Unido pediu a Peter Medawar que investigasse a razão pela qual os enxertos de pele de dadores não aparentados eram constantemente rejeitados pelos hospedeiros dos doentes queimados. Este trabalho permitiu-lhe estabelecer teoremas sobre a imunidade dos transplantes. Medawar observou que os enxertos de pele iniciais transplantados de um animal para outro sobreviviam durante 7 a 10 dias. Quando o recetor era submetido a um novo transplante com pele do mesmo dador, o segundo enxerto era rejeitado em apenas 2 a 4 dias. Esta resposta acelerada, designada por "rejeição de segundo conjunto", deve-se a uma resposta imunitária secundária. Quando o mesmo animal recebeu um enxerto de pele de um dador não relacionado com o primeiro dador, o enxerto provocou apenas uma rejeição de primeiro conjunto. As descobertas de Medawar indicam que o fenómeno da rejeição do segundo conjunto se deve à memória imunológica e à especificidade, ambas características fundamentais do sistema imunitário adaptativo (Heeger, 2003).

A rejeição primária ou do primeiro conjunto é causada principalmente por linfócitos aloreactivos ingénuos, enquanto a rejeição do segundo conjunto é mediada por linfócitos aloreactivos sensibilizados. Este facto pode ser demonstrado através da transferência de linfócitos de um

indivíduo previamente exposto a um enxerto de pele para um indivíduo ingénuo da mesma estirpe. Se este indivíduo ingénuo receber então o mesmo enxerto de pele que o indivíduo de quem recebeu os linfócitos sensibilizados, os linfócitos transferidos induzirão uma segunda rejeição. As células T são as células mais importantes na rejeição de aloenxertos. Os ratos nus que não possuem células T, por exemplo, não rejeitam enxertos de pele. A transferência de células T normais restaura a capacidade de rejeitar o aloenxerto. Estas observações mostram que a rejeição de enxertos resulta de uma resposta imunitária específica, mediada por linfócitos, a aloantigénios que, em última análise, leva à destruição do tecido transplantado. A resposta aloimune, que envolve tanto a imunidade celular como a imunidade humoral, tem duas fases: a fase I, a fase de sensibilização, que é caracterizada pelo reconhecimento de alo-antigénios e pela ativação de células T $CD4^+$, células T $CD8^+$ e células B aloreactivas, e a fase II, a fase efectora ou de destruição, em que o enxerto é destruído pelos linfócitos activados (Otto e Ulriches, 2004).

2.1. Leucócitos de Passageiros

Os enxertos de órgãos contêm normalmente numerosas células hematopoiéticas, tais como monócitos ou macrófagos, células dendríticas e linfócitos. Estes leucócitos derivados do dador, alojados no enxerto, são designados por leucócitos passageiros. Podem ser detectados após o transplante no sangue e nos órgãos periféricos do recetor e desempenham um papel importante na ativação do sistema imunitário do recetor contra o aloenxerto. A sua depleção reduz ou elimina a imunogenecidade do enxerto e prolonga a sobrevivência do enxerto. A imunogenecidade do enxerto é largamente determinada pelas células apresentadoras de antigénios no interior do enxerto, tais como as células B, os macrófagos e, especialmente, as células dendríticas (Otto e Ulriches, 2004).

A constatação de que as células apresentadoras de antigénios do dador estão presentes no tecido linfoide do recetor após o transplante sugere que o passo inicial para o priming das células T naive ocorre em tecidos linfóides nos quais a ativação das células T e, por conseguinte, a rejeição do enxerto não ocorreu quando os órgãos linfóides secundários estavam ausentes. Estes dados experimentais indicam que os leucócitos passageiros participam na iniciação das células T do hospedeiro migrando do enxerto para os gânglios linfáticos e/ou baço do hospedeiro, onde activam as células T alorreativas do hospedeiro na via direta do reconhecimento de alorreativos. As células T do hospedeiro podem reconhecer moléculas allo-MHC diretamente na superfície destas células. A ativação completa requer sinais co-estimulatórios adequados mediados por moléculas como CD80, CD86 e CD40. Estas células T activadas circulam e têm como alvo as moléculas MHC expressas pelas células do enxerto (Rosenberg e Singer, 1992).

2.2. Microquimerismo

Qual é o destino dos leucócitos passageiros no recetor? Estudos demonstraram que a sua quantidade diminui continuamente, mas pequenos números (<1%) permanecem no sangue ou em vários órgãos anos após o transplante e são detectáveis com métodos de biologia molecular. Esta coexistência de células hematopoiéticas do dador e do recetor induzida pelo enxerto de órgãos é definida como microquimerismo. Tem-se argumentado que um microquimerismo persistente pode ser essencial para a sobrevivência sustentada do aloenxerto. O descritor do microquimerismo colocou a hipótese de que a coexistência de células imunitárias do dador e do recetor provoca a eliminação clonal periférica de células T aloreactivas. Resultados recentes sugerem que o papel dos leucócitos passageiros como imuno-moduladores na fase de indução da aceitação do enxerto ainda não foi completamente compreendido. A maioria dos dados clínicos sobre o microquimerismo induzido pelo enxerto de órgãos é controversa e a sua relevância funcional para a aceitação estável do enxerto ou mesmo para a tolerância não é clara (Adams *et al.*, 2003).

2.3. Quimerismo alogénico misto

O quimerismo alogénico misto foi induzido pelo transplante de medula óssea em vários modelos animais, com uma tolerância vitalícia e específica do dador aos enxertos de órgãos que partilham o mesmo subtipo de MHC com as células hematopoiéticas. Até à data, no entanto, a sua aplicação clínica falhou devido à potencial toxicidade do condicionamento necessário do hospedeiro. Em contraste com o microquimerismo, o número de células hematopoiéticas do dador no quimerismo alogénico misto é geralmente >1%. Tanto o microquimerismo como o quimerismo alogénico misto baseiam-se na observação de David Owen, em 1945, de que gémeos bovinos fraternos que partilhavam uma circulação placentária comum apresentavam um estado de quimerismo misto. O grupo de Medawar demonstrou que estes gémeos quiméricos toleravam enxertos de pele um do outro. Mais tarde, o grupo de Medawar conseguiu induzir experimentalmente a tolerância neonatal pela primeira vez, injectando uma suspensão de células contendo células hematopoiéticas em ratos neonatos. Uma vez alcançada a tolerância adquirida em ratinhos neonatais, o desafio final para gerações de imunologistas de transplantes tem sido estabelecer tolerância num sistema imunitário humano adulto com protocolos clínicos reprodutíveis e seguros (Wekerle e Sykes, 2001).

CAPÍTULO 3

BASE CELULAR PARA A REJEIÇÃO DE ALOENXERTOS

As respostas imunológicas contra alo ou xenoenxertos continuam a ser a principal causa de lesão e perda de aloenxertos. Os sistemas imunitários inato e adaptativo estão envolvidos na rejeição de várias formas. Dois factores determinam a força e a natureza da resposta aloimune:

1. A natureza do enxerto estranho, ou seja, se se trata de um aloenxerto ou xenoenxerto, de um enxerto de órgão vascularizado ou não vascularizado, não tratado ou pré-tratado para reduzir a imunogenecidade, ou constituído por tecidos e células.
2. A natureza da resposta do hospedeiro, ou seja, se a rejeição é hiperaguda, aguda ou crónica, conforme determinado pela sua histopatologia e/ou evolução temporal (Rosenberg e Singer, 1992).

3.1. Rejeição hiperaguda

A rejeição hiperaguda é caracterizada, na maioria dos casos, por hemorragia e oclusão trombótica dos vasos vasculares do enxerto. Os enxertos vascularizados são, por isso, afectados por esta forma mais violenta de rejeição, que ocorre minutos a horas após o transplante, ficando o órgão rapidamente pálido e

sofrendo necrose. Na corrente sanguínea, os anticorpos circulantes ligam-se aos aloantigénios endoteliais e desencadeiam o sistema do complemento, que promove a trombose intravascular e danos isquémicos irreversíveis no órgão enxertado. Os anticorpos são das seguintes subclasses:

i. Anticorpos IgG pré-formados

Estes são mais comuns em indivíduos sensibilizados, por exemplo, após transplante, transfusões repetidas ou gravidezes múltiplas. Na maioria dos casos, estes anticorpos IgG pré-formados reagem contra moléculas MHC de classe I. A rejeição hiperaguda causada por anticorpos IgG pré-formados pode ser evitada através do cruzamento de tecidos antes do transplante.

ii. Aloanticorpos IgM "naturais" pré-existentes para hidratos de carbono não próprios

determinantes

Os aloanticorpos mais bem caracterizados são os dirigidos contra os antigénios do grupo sanguíneo ABO. A rejeição hiperaguda por anticorpos anti-ABO não constitui um problema clínico, uma vez que todos os dadores e receptores são submetidos a um rastreio para deteção de um tipo ABO idêntico.

iii. Anticorpos IgM humanos anti-suíno "naturais" pré-existentes no caso de transplante xenogénico

A maioria destes anticorpos é dirigida à al, 3-galactose, um determinante endotelial ubíquo de hidratos de carbono. Este antigénio parece ser o principal xenoantigénio que causa a rejeição hiperaguda em xenotransplantes de suínos para humanos, mas não é expresso por humanos e macacos do Velho Mundo que produzem títulos elevados de anticorpos contra ele. Após o transplante de um xenoenxerto vascularizado, estes anticorpos pré-formados reconhecem e ligam-se ao antigénio al, 3-galactose, desencadeando assim reacções nos vasos do xenoenxerto (fixação do complemento, recrutamento da cascata de coagulação e agregação plaquetária e aderência e infiltração de neutrófilos) que conduzem em minutos à rejeição hiperaguda. A procura de uma solução para o problema da rejeição hiperaguda na xenotransplantação tem-se centrado em grande medida nos porcos geneticamente modificados. Nos porcos transgénicos que exprimem o fator acelerador de decaimento humano (LDAF), o efeito prejudicial da ativação do complemento mediada por anticorpos no órgão vascularizado do porco é grandemente inibido. O transplante de tais órgãos de porco transgénicos para primatas não humanos resulta numa taxa dramaticamente reduzida de rejeição hiperaguda. Um novo passo em frente é, sem dúvida, a capacidade de impedir a expressão de epítopos de al, 3-galactose no endotélio de porco, eliminando o gene que codifica a enzima al, 3-galactosil transferase responsável pela produção de epítopos de al, 3-galactose. Uma vez que ambas as cópias do gene foram inactivadas, os enxertos de órgãos destes porcos não devem causar rejeição hiperaguda (Otto e Ulriches, 2004).

3.2. Rejeição aguda

A rejeição aguda, que ocorre tipicamente após a primeira semana após o transplante, é caracterizada por lesão vascular e parenquimatosa. Envolve reacções imunitárias humorais e mediadas por células. As células T desempenham um papel central na rejeição aguda, respondendo a aloantigénios, predominantemente moléculas MHC, presentes nas células endoteliais vasculares e parenquimatosas. Tanto as células T $CD4^+$ como as $CD8^+$ contribuem para a rejeição aguda. As células T $CD4^+$ medeiam a rejeição aguda através da secreção de citocinas e da indução de reacções do tipo hipersensibilidade retardada nos enxertos. O reconhecimento e a lise de células estranhas por células T $CD8^+$ citotóxicas aloreactivas é um mecanismo importante de rejeição aguda. Semelhante à rejeição hiperaguda, os anticorpos podem mediar uma resposta imune humoral à parede do vaso e ativar o complemento. Os investigadores utilizaram ratinhos geneticamente eliminados para demonstrar o papel primordial das células T $CD4^+$ no início da rejeição do aloenxerto. Elas podem tanto iniciar como mediar a rejeição do aloenxerto, enquanto as células T $CD8^+$ são principalmente mediadoras. Existem dois mecanismos distintos para a ativação das células T alorreativas que diferem principalmente na via pela qual reconhecem os aloantigénios: o mecanismo direto e o indireto

vias de alorecognição (Dubernard, 2005).

3.3. Rejeição crónica

A rejeição crónica, que ocorre meses ou anos após o transplante, é caracterizada por fibrose irreversível com perda da estrutura normal do órgão e é a principal causa de rejeição tardia dos enxertos. A patogénese da rejeição crónica é menos bem compreendida do que a da rejeição aguda. É provável que a maior parte dos sistemas imunitários adaptativo e inato estejam envolvidos neste processo. Muitos factores de risco podem aumentar a incidência de rejeição crónica: Incompatibilidade HLA, lesão isquémica, e o número e gravidade dos episódios de rejeição aguda e infecções. Um sinal morfológico marcante em muitos casos é a oclusão de vasos sanguíneos, geralmente artérias, como resultado da proliferação de células musculares lisas da íntima. Esta remodelação vascular do enxerto, que acaba por conduzir à isquemia e à falência do enxerto, é designada por arteriosclerose do enxerto ou vasculopatia associada ao transplante e é frequentemente observada em aloenxertos cardíacos e renais falhados. Os linfócitos activados na parede do vaso do enxerto participam neste processo induzindo o recrutamento de macrófagos. Os macrófagos localizados na área perivascular parecem ser fundamentais para o início da fibrose porque produzem e segregam uma variedade de factores fibrogénicos, proteínas da matriz e factores de crescimento para os músculos lisos. Foram demonstradas diferentes citocinas reguladas positivamente, incluindo as associadas à ativação dos macrófagos, como a MCP-l. O IFN-y, em particular, parece desempenhar um papel fundamental no desenvolvimento da vasculopatia associada ao transplante. A rejeição crónica não pode ser evitada com os medicamentos imunossupressores actuais, pelo que a estratégia atual consiste em limitar o número de episódios de rejeição aguda. As melhores perspectivas para ultrapassar a perda tardia do enxerto devido à rejeição crónica podem residir numa nova geração de agentes imunossupressores, em fármacos com efeitos vasculoprotectores para evitar a formação de neoíntima e na promoção de estratégias clinicamente viáveis para a indução de tolerância (Otto e Ulriches, 2004).

CAPÍTULO 4

ALORECONHECIMENTO

O termo aloreconhecimento refere-se ao reconhecimento pelas células T de polimorfismos geneticamente codificados entre membros da mesma espécie. Os principais alvos da resposta imunitária aos tecidos alogénicos são as moléculas do complexo principal de histocompatibilidade (MHC), que estão presentes nas células do dador. De facto, o termo MHC realça o facto de as moléculas MHC terem sido descobertas no contexto do transplante de tecidos entre indivíduos incompatíveis. Este reconhecimento do antigénio MHC do aloenxerto é o evento primário que, em última análise, conduz à rejeição do enxerto. A resposta das células T às moléculas de MHC alogénicas é excecionalmente forte, tal como rejeitado *in vitro* na reação leucocitária mista (MLR) e *in vivo* pelo vigor da rejeição do transplante. Embora a incompatibilidade do MHC possa provocar fortes respostas imunitárias, também pode ocorrer uma rápida rejeição do enxerto quando são transplantados tecidos com MHC compatível. Isto deve-se ao reconhecimento de antigénios de histocompatibilidade menor (mH), péptidos derivados de proteínas do hospedeiro polimórficas alélicas, que não as moléculas MHC, apresentadas no sulco das moléculas MHC de classe I e II. Foram identificados vários antigénios mH no rato e no homem e estima-se que existam aproximadamente 40 diferenças de antigénios mH entre estirpes de ratos de raça pura. A imunidade contra os antigénios mH é um problema clinicamente significativo, tal como evidenciado pela necessidade de administrar imunossupressão sistémica a receptores de enxertos de órgãos idênticos ao HLA e pela incidência de doença do enxerto contra o hospedeiro após a utilização de células estaminais idênticas ao HLA
transplante (Benichou, 1999).

As células T envolvidas no aloreconhecimento podem ser sensibilizadas contra aloantigénios através de uma de duas vias distintas, mas não mutuamente exclusivas: direta e indireta. As alorrespostas directas e indirectas são mediadas por diferentes células apresentadoras de antigénios (APC) e diferem nos seus mecanismos celulares. O reconhecimento direto exige que as células T receptoras reconheçam moléculas MHC intactas do dador complexadas com péptidos nas células estimuladoras do dador. Em contrapartida, o reconhecimento indireto exige que as APC receptoras processem o antigénio MHC do dador antes da sua apresentação às células T receptoras de uma forma auto-restrita. Embora tenham sido propostas duas vias de aloreconhecimento, as contribuições relativas ou a importância destas vias não foram claramente definidas. Historicamente, as evidências favorecem um papel predominante da via direta, especialmente durante a rejeição aguda e o início da resposta do aloenxerto. A maioria dos dados publicados antes de meados da década de 1980 centrou-se nesta via. No entanto, descobertas recentes enfatizam o papel da via indireta de aloreconhecimento. Esta mudança de ênfase pode desafiar os conceitos fundamentais anteriores de aloreconhecimento. Foram adoptadas diferentes abordagens para avaliar as contribuições relativas das duas vias para o aloreconhecimento. Com o desenvolvimento de ratinhos knock-out e transgénicos, foi possível estudar as diferentes vias de rejeição isoladamente. As vias direta e indireta não são necessariamente mutuamente exclusivas: ambas podem estar envolvidas na mediação da rejeição do aloenxerto, quer simultaneamente, quer em momentos diferentes (Heeger, 2003).

4.1. Aloreconhecimento direto

Os eventos de reconhecimento que conduzem ao vigor das respostas observadas quando as células incompatíveis com o MHC são cultivadas em conjunto são referidos como a via "direta" do aloreconhecimento. Há várias décadas, observou-se que, subjacente a esta força de resposta proliferativa, estava uma frequência excecionalmente elevada de células T com aloespecificidade direta. Os dados provenientes de várias fontes, incluindo uma análise estrutural recente de um recetor de células T (TCR) alorreativo, indicam que este modo de aloreconhecimento resulta da reatividade cruzada de células T específicas para a molécula "A" do MHC próprio com o péptido "x" numa molécula "B" do MHC alogénico com o péptido "y". A generalidade da hipótese da reatividade cruzada foi evidenciada pela observação de que uma grande fração da alorresposta direta derivava de células T com um fenótipo de memória, indicando que estas células tinham sido preparadas contra antigénios estranhos no contexto de moléculas de MHC próprias. Foram propostas duas hipóteses para explicar a elevada frequência de precursores de células T alorreativas na via direta de aloreconhecimento. A primeira considera que o ligando da célula T alorreativa é a própria molécula do MHC alogénico, independentemente dos péptidos ligados e exibidos. Segundo este raciocínio, todas as moléculas de MHC estranhas de um determinado tipo poderiam atuar como ligandos para a célula T alorreativa, criando assim uma densidade de ligandos muito elevada. Consequentemente, a afinidade do recetor da célula T alorreativa poderia ser substancialmente inferior à exigida para um complexo peptídeo: auto MHC, chamando assim para o repertório de células T alorreativas células T com baixa, média e alta afinidade, e criando uma alta frequência de precursores. Esta hipótese foi designada por "alta densidade determinante". A segunda hipótese propõe que as células T alorreativas são específicas para complexos peptídeo individual: alo-MHC. Dado que se sabe que as moléculas de MHC na superfície celular são ocupadas por um conjunto diversificado de péptidos. Isto significaria que uma única molécula MHC alogénica poderia estimular uma grande variedade de células T alorreativas, cada uma delas específica para um complexo MHC peptídico individual (Figura 1). À primeira vista, ambas as hipóteses relativas ao reconhecimento do MHC alogénico quebram as regras da seleção positiva tímica para a restrição do MHC próprio. No entanto, a semelhança estrutural entre as superfícies de contacto dos TCR de muitos alelos de MHC permite que uma fração substancial de alorrespostas directas seja acomodada no quadro da seleção positiva. Nas combinações de estimuladores de resposta em que tais semelhanças estruturais se aplicam, o reconhecimento de alorrespostas pode ser considerado como imitando a restrição do MHC próprio e dirigido contra novos péptidos que são ligados pelas moléculas do MHC alogénico mas não pelas do próprio MHC devido a diferenças na ranhura de ligação do péptido. Nestas combinações, a elevada frequência de células T alorreativas seria melhor explicada pela hipótese dos complexos binários múltiplos. Nas combinações em que existem diferenças múltiplas de aminoácidos nas superfícies de contacto do TCR, é provável que a resposta alorreativa resulte de uma reação cruzada casual de maior afinidade com a estrutura do MHC estranho. Dada a tendência que parece existir nos genes dos TCR para o reconhecimento do MHC, isto poderia ocorrer com frequência suficiente para explicar o número de células T alorreativas identificadas por ensaios de análise de diluição limitante. Nestas combinações, em que a atenção do recetor da célula T alorreativa é predominantemente para os polimorfismos do MHC expostos, pode aplicar-se a hipótese da elevada densidade determinante (Rogers e Lechler, 2001).

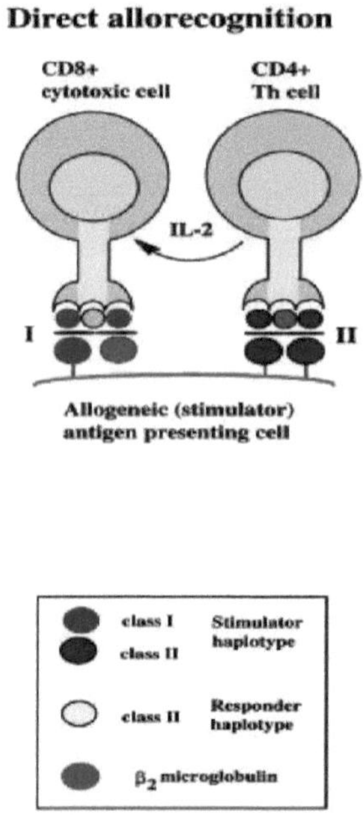

Figura 1: Representação diagramática da via direta da alorecognição (Rogers e Lechler 2001).

4.1.1. Evidência do papel do aloreconhecimento direto na rejeição de enxertos

Há muito que se assume que a rejeição aguda de transplantes representa o correlato *in vivo* da RLM *in vitro*. No entanto, foram produzidas relativamente poucas provas em apoio desta afirmação. Os primeiros estudos sobre os efeitos da depleção de leucócitos "passageiros" derivados da medula óssea do dador foram considerados como reforçando este pressuposto. A sobrevivência permanente do aloenxerto renal de rato foi conseguida "estacionando" o rim num recetor intermédio, esgotando assim o aloenxerto de leucócitos do dador. Experiências subsequentes, injectando nos receptores dos rins retransplantados um pequeno número de células dendríticas (DC) do dador, conduziram a uma rejeição rápida. Estes resultados estabeleceram a distinção fundamental entre antigenicidade (a capacidade de ser reconhecido) e imunogenicidade (a capacidade de iniciar uma resposta imunitária destrutiva). Partiu-se do princípio de que as CD "imunogénicas" do dador estavam a ativar a via direta da resposta antidador e a precipitar a rejeição do enxerto. No entanto, tal não foi provado, existindo uma possibilidade alternativa, nomeadamente que as CD do dador, devido à sua propensão para se deslocarem para o tecido linfoide, estivessem a fornecer uma fonte de antigénio para ativar a via indireta. A primeira evidência clara de que as células T com aloespecificidade exclusivamente direta podem provocar a rejeição do transplante foi fornecida num estudo muito recente. A reconstituição de ratinhos SCID ou Rag I±/± com células T CD4^{1} singénicas levou à rejeição de aloenxertos cardíacos com expressão de MHC de classe II, mas não de enxertos deficientes em MHC de classe II. Além disso, os ratinhos Ragl±/± que também eram deficientes em MHC de classe II rejeitaram os transplantes cardíacos alogénicos quando reconstituídos com células T CD4^{1} . Uma vez que estes ratinhos não têm células T CD8^{1} e não têm capacidade de aloreconhecimento indireto restrito ao MHC de classe II, estes resultados indicam que as células T CD4^{1} da via direta são necessárias e suficientes para mediar a rejeição do aloenxerto. Para compreender o papel da via direta de aloreconhecimento na rejeição e a evolução desta resposta após o transplante, é necessário considerar a anatomia da alorresposta direta *in vivo*. As células T alorreativas antidoador derivadas da fração naive do repertório de células T do recetor devem ser preparadas no tecido linfoide. Consequentemente, é provável que a preparação das células T alorreativas da via direta ingênua ocorra apenas durante as primeiras semanas após o transplante, enquanto as células dendríticas derivadas do doador estiverem disponíveis. Após a morte dessas células dendríticas, é provável que o repertório de células T naive do recetor seja irrelevante no que diz respeito às respostas antidador directas. Após a ativação, essas células são capazes de atravessar o endotélio vascular e entrar no enxerto. Mais uma vez, o período crucial para a ativação das células T de memória da via direta do recetor são as primeiras semanas após o transplante em resposta às células dendríticas do dador. O destino das células T CD4^{1} activadas no enxerto não é claro. O reconhecimento de moléculas MHC alogénicas está confinado às células parenquimatosas do tecido transplantado, uma situação que não tem paralelo nas respostas convencionais específicas de antigénio. Existem provas consideráveis, provenientes de modelos de roedores, de que as células T CD8^{1} são menos dependentes da co-estimulação e podem ser capazes de afetar a rejeição do enxerto na ausência de ajuda das células T CD4^{1} (Rogers, Lechlet, 2001).

4.2. Aloreconhecimento indireto

A proposta original de que existe uma via alternativa de alossensibilização das células T surgiu a partir do mesmo modelo de depleção de células de passageiros que foi descrito acima. Uma das combinações de estirpes em que os enxertos renais retransplantados foram aceites sem imunossupressão exógena foi (AS x AUG) Fl em AS. No entanto, se a combinação de estirpes fosse alterada e fossem utilizados dadores AUG totalmente alogénicos, os enxertos retransplantados eram invariavelmente rejeitados, embora a um ritmo mais lento. Com base no pressuposto de que os tecidos parenquimatosos do rim eram incapazes de ativar células T anti-donor da via direta (antigénicas mas não imunogénicas), foi proposto que uma segunda via "indireta" de aloreconhecimento era responsável pela sensibilização das células T. A via indireta de aloreconhecimento representa a via normal de apresentação de antigénios que funciona para todos os outros antigénios proteicos (Figura 2). Assim, através desta via, as moléculas de MHC alogénicas são reconhecidas de uma forma verdadeiramente restrita ao MHC próprio (Benichou, 1999).

Nos últimos anos, a via indireta de reconhecimento tornou-se o foco de muita investigação. Os resultados dos estudos de eluição de péptidos utilizando sistemas humanos e murinos demonstraram que os péptidos das moléculas MHC representavam uma fração substancial dos péptidos processados naturalmente que ocupam as moléculas MHC da superfície celular. A demonstração mais notável da propensão das moléculas de MHC para serem apresentadas sob a forma de péptidos por outras moléculas de MHC envolveu o primeiro anticorpo monoclonal que demonstrou ser específico para um complexo MHC-peptídeo, denominado Y-Ae. Este anticorpo vê um fragmento de péptido da cadeia H2-Ea apresentado em produtos H2ab. O complexo MHC-peptídeo correspondente é expresso em níveis elevados em DCs e células B de estirpes que co-expressam H2-ab e H2-E, mas não de estirpes que expressam apenas H2-ab ou H2-E (16±18). O elevado nível de coloração obtido com este anticorpo ilustra a capacidade das moléculas MHC para apresentar péptidos derivados do MHC. Isto também foi demonstrado nas CDs da medula tímica, um local importante para o desenvolvimento da tolerância tímica ou central por seleção negativa. O Y-Ae também foi utilizado para monitorizar o processamento e a apresentação de H2-Ea *in vivo*. Quando DCs portadoras de H2-E foram injectadas em receptores de H2-ab, no espaço de 2 dias a maioria das DCs receptoras no nódulo linfático drenado tornaram-se reactivas com Y-Ac. O número de células dadoras no nódulo linfático era muito inferior ao número de DCs receptoras que tinham processado o H2-E do dador. Este resultado implica que, quando as CD migratórias do dador morrem ao chegar ao nódulo linfático, são fagocitadas e processadas por CD receptoras residentes (Heeger, 2003).

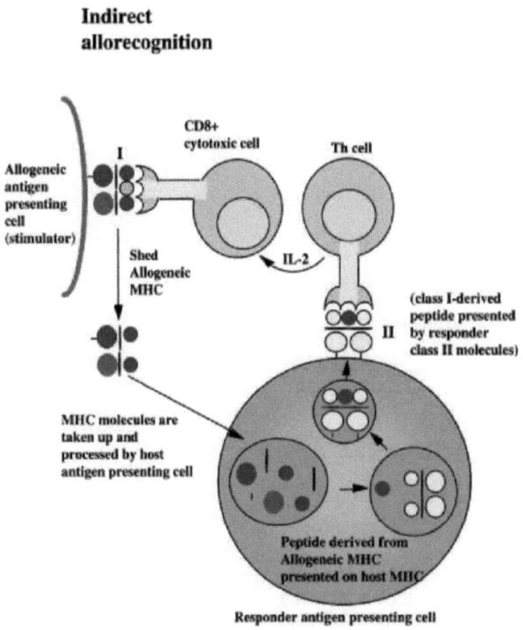

Figura 2: Representação diagramática da via indireta da alorecognição (Rogers e Lechler 2001).

4.2.1. Evidência do papel do aloreconhecimento indireto na rejeição de enxertos

A prova mais convincente de que a via indireta é suficiente para mediar a rejeição de transplantes foi a observação de que os ratinhos receptores com MHC de classe I eliminado podiam rejeitar enxertos de pele de ratinhos dadores com MHC de classe II eliminado. Os ratinhos receptores não dispunham de células T citotóxicas CD8[1] capazes de reconhecer diretamente as moléculas MHC de classe I do dador e as células T CD4[1] dos animais receptores só podiam ser estimuladas através do reconhecimento indireto das moléculas MHC de classe I do dador, apresentadas no contexto das moléculas MHC de classe II do recetor. Estas conclusões foram apoiadas por experiências que demonstraram claramente que a via indireta era, por si só, suficiente para provocar a destruição do aloenxerto na ausência de reconhecimento direto, utilizando um modelo de aloenxerto cutâneo murino. Foi demonstrado que as células primárias de ratinhos previamente imunizados com células alogénicas do baço ou da pele proliferam em resposta a péptidos derivados do MHC do dador no contexto do MHC próprio. Utilizando a análise ELISPOT em células T dos gânglios linfáticos, demonstraram que, embora mais de 90% do repertório de células T aloespecíficas fosse dirigido para o MHC intacto do dador, as células T auto-restritas que reconhecem péptidos derivados do dador apresentados indiretamente representavam uma população pequena mas detetável (1±5%) do repertório de células T logo no 11º dia. Se a via indireta é fundamental na mediação da rejeição do transplante, a abolição da via direta, por si só, não permite obter tolerância ao aloenxerto. Mais importante ainda, as estratégias que promovem a tolerância na via indireta devem aumentar a sobrevivência do aloenxerto. A prova irrefutável de que a indução de tolerância na via indireta favorece a sobrevivência do enxerto veio de experiências em que os animais receptores foram pré-tratados com péptidos MHC do dador. Os peptídeos foram administrados por via intratímica, oral ou como APCs receptoras pulsadas com o peptídeo do doador. Todos estes tratamentos induziram o prolongamento do enxerto. Embora os mecanismos destas estratégias não tenham sido definidos, a utilização de péptidos do dador significa que o aumento da sobrevivência do enxerto só pode ser mediado pela via indireta. Voltando às experiências originais com enxertos renais de dador com DC depletada, nas combinações de estirpes em que a rejeição ocorreu, o tempo foi invariavelmente mais lento, com um tempo médio de rejeição de 21 vs. 10 dias para enxertos com DC depletada. Esta foi a base para sugerir que a via indireta poderia ser mais proeminente em formas mais tardias e crónicas de rejeição. A hipótese de que as células T com alo-especificidade antidonor indireta são importantes motores da rejeição crónica de transplantes recebeu apoio de vários estudos clínicos. Em primeiro lugar, a força da alorresposta antidonor direta diminui com o tempo após o transplante em doentes com transplante renal e cardíaco. Talvez o mais significativo seja o facto de o declínio da resposta direta ter sido igualmente pronunciado em doentes com características clássicas de rejeição crónica e naqueles com uma boa função estável. Esta descoberta sugere que a via direta da aloreactividade antidonor não é um fator importante da rejeição crónica. A segunda série de observações clínicas resulta de tentativas de medir a via indireta em doentes com rejeição crónica estabelecida. Foram adoptadas duas abordagens para revelar células T com aloreactividade indireta. Uma envolve a oferta de moléculas MHC do dador como péptidos sintéticos, contornando assim a necessidade de processamento do antigénio. Três grupos relataram frequências elevadas de células T com especificidade antidador indireta em doentes com rejeição crónica de transplantes cardíacos, renais e pulmonares. A outra abordagem que tem sido utilizada envolve a oferta de antigénios do dador sob a forma de células inteiras lisadas, não fazendo assim qualquer suposição quanto aos péptidos que serão reconhecidos. São particularmente interessantes as observações que implicam uma interação entre a alorresposta indireta e a direta. Por exemplo, parece que as células T CD4^{1} com especificidade antidonor indireta podem amplificar as respostas das células T CD8^{1} da via direta. Do mesmo modo, a tolerância na via indireta parece levar à regulação das respostas da via direta em alguns modelos. O prolongamento da sobrevivência do enxerto através da injeção intratímica de péptidos do MHC do dador defende esta interação. A não ser que ocorra a transferência de complexos MHC-peptídeo entre as APC do doador e do recetor, estas interacções quebram as regras da ajuda e da supressão ligadas, na medida em que requerem a comunicação entre duas células T que interagem com APC separadas (doador para as directas e recetor para as indirectas). (Rogers e Lechler, 2001).

CAPÍTULO 5

MECANISMO EFECTOR DA REJEIÇÃO DE ALOGXFT DA PELE

Na sequência da deteção pelo sistema imunitário de um enxerto de pele que exprime antigénios de histocompatibilidade estranhos, existe uma série de possíveis mecanismos efectores através dos quais o enxerto pode ser potencialmente destruído. As células do aloenxerto podem ser destruídas de forma não específica (independentemente de cada célula expressar ou não um antigénio estranho) por infiltrados de células inflamatórias activadas ou por factores solúveis citolíticos segregados por células inflamatórias activadas. Em alternativa, as células do aloenxerto podem ser destruídas de uma forma específica para o antigénio, quer por anticorpos, quer por células Tc capazes de distinguir as células que expressam antigénios estranhos das que não o fazem. Embora as respostas de rejeição sejam iniciadas pelo reconhecimento específico de células T de antigénios expressos em células no interior do enxerto, a especificidade do mecanismo efector que medeia a destruição real do tecido tem sido uma fonte de controvérsia. As experiências marcantes que indicaram inicialmente que a rejeição de aloenxertos de pele era mediada por células efectoras específicas de antigénios foram realizadas por Mintz e Silvers utilizando enxertos de pele de ratinhos tetraparentais A^B. Os ratinhos tetraparentais são derivados da fusão de embriões em fase de oito células de duas estirpes diferentes de ratinhos, sendo o animal resultante um mosaico genético cujas células individuais são originárias de uma ou outra estirpe parental. Mintz e Silvers enxertaram pele de ratinhos tetraparentais A^B em ratinhos da estirpe parental A, a fim de

Avaliar a especificidade do membro efetuador da resposta de rejeição. A resposta de rejeição A anti-B resultaria na destruição de todas as células da pele tetraparental dentro do enxerto, incluindo as células que expressam apenas antigénios da estirpe singénica A? Apesar de uma resposta de rejeição maciça, verificou-se que uma porção de cada enxerto de pele tetraparental sobreviveu indefinidamente e que essa porção regenerou cabelo da mesma cor que o do hospedeiro da estirpe A, indicando a sobrevivência de folículos capilares e melanócitos da estirpe A singénica no aloenxerto de pele tetraparental. Este padrão de destruição de tecido específico do antigénio era consistente com a atividade das células Tc que matam células que expressam determinantes estranhos, mas não matam as que não expressam, mesmo quando estão muito próximas (Rosenberg e Singer, 1991).

5.1. Células envolvidas na rejeição do enxerto

É comummente aceite que a lise *in vitro* de células-alvo alogénicas por células T citotóxicas (Tc) preparadas é um modelo adequado para estudar a rejeição de enxertos. Por exemplo, as Tc podem ser encontradas em enxertos submetidos a rejeição, no baço e noutros tecidos de ratinhos com priming e em enxertos de matriz esponjosa. Além disso, estudos extensivos *in vitro demonstraram* a indução e a função das Tc, a necessidade de células T auxiliares (T_H) para a sua indução e a indução simultânea de células T supressoras. Nestes estudos, tornou-se bastante claro que a Lyt- 123/23-Tc é diferente das células TH, das células T supressoras e de outras células T. Apesar das muitas experiências que apoiam o conceito de que as células T_C produzem rejeição de enxertos *in vivo*, existem poucas provas directas que o demonstrem e a maioria das provas anteriores pode ser considerada "indireta". De facto, não foi claramente demonstrado que as células T tenham o único papel, um papel importante ou qualquer papel na rejeição de enxertos *in vivo.* Tendo isto em mente, ratinhos adultos, timectomizados, irradiados letalmente e restaurados com medula óssea foram repovoados com células sensibilizadas, depletadas das subpopulações Lyt-I, Lyt-2 ou Lyt-123, e foram depois examinados quanto ao fenótipo da célula T que causa a rejeição do enxerto de pele com diferenças antigénicas decorrentes dos loci H-2, foi demonstrado que a rejeição do enxerto dependia inteiramente da presença de células Lyt-1 e, além disso, era independente da presença de Tc. Parece que os conceitos tradicionais, que associam a rejeição do enxerto e a hipersensibilidade de tipo retardado (DTH), podem ser verdadeiros, na medida em que ambos são mediados por células Lyt (Loveland et al., 1981).

5.1.1. Células dendríticas

Há mais de 20 anos, verificou-se que o principal estímulo imunogénico que conduzia à rejeição do enxerto era fornecido pela população migratória de células dendríticas (DC) alogénicas "de passageiros" presentes no tecido aloenxertado. Se o enxerto fosse privado destas células, a rejeição era menos forte ou estava ausente, e a sobrevivência do enxerto era prolongada. No entanto, a rejeição aguda foi restaurada pela injeção de DC purificadas do dador no momento do transplante. Para explicar a variação na suscetibilidade à rejeição observada no aloenxerto normal e no aloenxerto depletado de CD de passageiro, os autores propuseram a hipótese de existirem duas vias para a sensibilização de células T CD4^{1} aloreactivas nas respostas à rejeição. A via 1, a via direta de sensibilização, envolve o reconhecimento direto das moléculas MHC do dador na superfície das células estimuladoras do dador e requer a presença de CD de passageiros derivadas do dador no enxerto. Pela via 2, a via indireta de sensibilização, as moléculas antigénicas derivadas do enxerto são fagocitadas e processadas por APC de origem recetora e apresentadas como péptidos no sulco de ligação das moléculas MHC de classe II do próprio recetor. De acordo com a hipótese de Lafferty, a via indireta é a única via disponível para a sensibilização de órgãos doadores de passageiros com DC depletadas. Assim, o contacto direto célula-célula entre as células T CD4^{1} aloreactivas e as células do enxerto não seria necessário para provocar a rejeição dos órgãos depletados de CDs de passageiros. Muitas evidências indicam que o aloreconhecimento indireto ocorre durante a rejeição de aloenxertos. A via indireta foi apresentada como uma hipótese para explicar a especificidade Ag das células T CD4^{1} responsáveis pela rejeição de aloenxertos deficientes em Ag do MHC de classe II. Vários estudos em humanos, ratos e ratinhos revelaram a presença de células T CD4^{1} aloreactivas específicas para aloantigénios apresentados como fragmentos de péptidos em associação com moléculas MHC receptoras durante a rejeição do aloenxerto. Além disso, foi relatado que a administração intra-tímica de péptidos alogénicos que são conhecidos por estimular clones de células T aloreactivas auto-restritas pode prolongar a sobrevivência do aloenxerto subsequente, sugerindo que a apresentação indireta é fundamental para o processo de rejeição. No entanto, embora seja evidente que os clones de células T sensibilizados a aloantigénios através do reconhecimento indireto estão presentes durante o processo de rejeição, tem sido difícil demonstrar se promovem efetivamente a rejeição. O principal obstáculo reside na dificuldade de encontrar situações em que a sensibilização indireta representa a única via disponível para a ativação de células T aloreactivas. As abordagens mais convincentes que foram tentadas até à data envolvem o transplante de órgãos deficientes em moléculas MHC de classe II ou a transferência adotiva de células T *derivadas in vitro* sensibilizadas pelo reconhecimento indireto de alopeptídeos. Apesar de terem sido concebidas de forma elegante, estas experiências têm pontos fracos importantes. Em primeiro lugar, não conseguem demonstrar inequivocamente a ausência total de reconhecimento direto de enxertos rejeitados por células T transferidas por adoção. Além disso, não são capazes de excluir a atividade de células T CD4^{1} invulgares não restringidas por moléculas MHC de classe II convencionais e capazes de mediar a rejeição de aloenxertos. Por último, não demonstram se, na ausência de reconhecimento direto, a iniciação de células T por reconhecimento indireto do aloenxerto é suficiente para provocar a rejeição. Este último ponto é particularmente importante porque as células de memória contribuem para uma proporção substancial das células envolvidas nas respostas primárias estimuladas pelo reconhecimento direto das moléculas MHC do dador; em contrapartida, como para qualquer Ag proteico nominal, os péptidos derivados de moléculas MHC alogénicas ou de proteínas polimórficas e apresentados no contexto das moléculas MHC do próprio recetor estimulam quase exclusivamente as células T naive. Para estabelecer, sem ambiguidade, a capacidade das células T CD4^{1} naive de rejeitarem tecidos estranhos transplantados através da via de reconhecimento indireto, analisaram a rejeição de um aloenxerto de pele H-2^{k} macho por ratinhos deficientes em recombinase activating gene-2 (RAG2) que expressam um

TCR (ratinhos Marilyn) transgénico (Tg) com restrição de I-Ab específico para H-Y. As experiências demonstraram que, na ausência estrita de reconhecimento direto, as células T CD4^{1} de Marilyn não só foram preparadas, como também foram capazes de rejeitar agudamente um aloenxerto de pele H-2^{k} macho (Toby *et al.,* 2002).

Parte-se frequentemente do princípio de que, durante a rejeição, os péptidos reconhecidos pelas células T CD4^{1} da via indireta provêm principalmente do processamento e apresentação pelas APC do recetor de moléculas polimórficas derivadas das moléculas MHC do dador. Essa rejeição por células T também envolve o reconhecimento indireto de péptidos de Ags de transplante menores. Assim, os Ags de histocompatibilidade menor, como o H-Y Ag e as moléculas polimórficas, também devem ser considerados como uma fonte de alopéptidos para o aloreconhecimento indireto na conceção de uma intervenção imunitária baseada em péptidos que interferiria com o processo de rejeição. A descoberta importante é que a via indireta de reconhecimento de aloantigénios pode, por si só, mediar a rejeição aguda de aloenxertos totalmente histoincompatíveis. De facto, poder-se-ia argumentar que esta situação resulta da estimulação de um número anormalmente elevado de células T da via indireta e que tal não ocorreria em receptores não-Tg. Em modelos animais, estima-se que as células T da via direta representem 90% do repertório de células T que participam no processo de rejeição aguda, enquanto que as células T da via indireta apenas representariam 1-10%. No entanto, não se deve esquecer que o rácio de células T da via direta sobre as da via indireta pode ser profundamente perturbado em situações clínicas em que tenha havido sensibilização aos aloantigénios do dador antes do transplante. Assim, em algumas combinações de dador/recetor, as células T da via indireta podem dominar a alorresposta e mediar a rejeição do aloenxerto (Otto e Ulriches, 2002).

5.1.2. Papel das células T_H no início da rejeição de aloenxertos cutâneos

Embora as células Tc específicas do antigénio pareçam ser as principais células efectoras que medeiam a rejeição de aloenxertos de pele, a geração de células Tc a partir de células T em repouso

precursores requer linfocinas segregadas por células T_H activadas. Consequentemente, seria de esperar que a rejeição de um aloenxerto de pele dependesse da elaboração dessas linfocinas a partir de células T_H activadas. Infelizmente, não existe um marcador de superfície que identifique exclusivamente as células TH: por exemplo, as células CD4 e CD8 distinguem subconjuntos de células T com diferentes especificidades de TCR restritos ao MHC, mas as populações de células T $CD4^+$ e $CD8^+$ contêm células T_H e Tc, embora em proporções diferentes. Existem também células T de dupla função que funcionam como células TH para segregar linfocinas mas que, em resposta às suas próprias linfocinas, se diferenciam subsequentemente em células Tc (Keene e Forman, 1982).

5.1.3. Interacções entre células T envolvidas na ressecção de aloenxertos cutâneos

As populações de células T envolvidas na rejeição de aloenxertos de pele permanecem controversas. HNão é claro se a rejeição do aloenxerto cutâneo é mediada por células T secretoras de linfocinas, células T killer citolíticas, células T de dupla função ou por interacções entre subconjuntos de células T funcionalmente distintos. Recentemente, verificou-se que populações fenotipicamente distintas de células T $L3T4^+$ e $Lyt\text{-}2^+$ são capazes de mediar a rejeição de aloenxertos de pele. Sabe-se também que populações fenotipicamente distintas de células T $L3T4^+$ e $Lyt\text{-}2^+$ expressam populações distintas, mas fenotipicamente idênticas, de células TH e Tk.

Apesar das complexidades, é importante compreender os mecanismos das células T envolvidos na rejeição de aloenxertos de pele. Recentemente, ao correlacionar o fenótipo, a especificidade e a função das células T $H\text{-}2^b$ que respondem *in vitro* a gafts de pele mutantes MHC classe I K^b . Os cientistas identificaram as células $Lyt\text{-}2^+$ TH aloespecíficas de classe I como o tipo de célula crítico que determina a taxa de reflexão do aloenxerto de pele díspar de classe I. Utilizando mais conhecimentos *in vitro* para analisar a rejeição de aloenxertos *in vivo*, compararam agora o fenótipo, a especificidade e as capacidades funcionais de subpopulações de células T definidas com a sua capacidade de iniciar e mediar a rejeição *in vivo de* aloenxertos de pele que expressam uma variedade de aloantigénios definidos. Os resultados desta análise são directos: sem exceção, a rejeição do aloenxerto cutâneo ocorreu apenas em ratinhos com populações de células T que, por avaliação *in vitro*, continham células T_H e Tk específicas para os aloantigénios do enxerto. No entanto, para que a rejeição do enxerto ocorra, os elementos celulares do aloenxerto de pele devem ser capazes de ativar as células TH e Tk presentes no hospedeiro (Rosenberg e Singer, 1998).

A rejeição de aloenxertos cutâneos pode ser mediada por colaborações *in vivo* entre células T indutoras e células T efectoras, e que os dois subconjuntos de células T em interação podem expressar diferentes fenótipos Lyt, bem como diferentes especificidades antigénicas. O estudo demonstra também que uma deficiência selectiva nas células T indutoras específicas de antigénios não permite a rejeição de um aloenxerto de pele específico, apesar da presença de células T efectoras específicas de antigénios. O fenótipo Lyt e as células T específicas do antigénio que funcionam como células T indutoras e células T efectoras para as respostas de rejeição de aloenxertos *in vivo* são muito semelhantes aos das células T que funcionam como células TH secretoras de linfocinas e células Tk responsivas a linfocinas para as respostas de células T citolíticas *in vitro*. De facto, a rejeição *in vivo de* aloenxertos de pele só foi observada nos ratinhos cujas populações de células T continham, por avaliação *in vitro*, células TH e Tk reactivas contra os aloantigénios do enxerto.

A melhor compreensão dos papéis desempenhados pelas células T na rejeição de aloenxertos cutâneos resultaria da consideração simultânea do seu fenótipo Lyt, especificidade de reconhecimento e capacidades funcionais. Uma vez que as respostas citolíticas das células T têm sido consideradas como a contrapartida *in vitro* da rejeição *in vivo* de enxertos, as funções das células T em que se concentraram foram as envolvidas nas respostas CTL, nomeadamente a estimulação da ajuda das células T mediada por linfocinas e a ativação de células Tk responsivas a linfocinas. Sem exceção, a rejeição de aloenxertos cutâneos ocorreu apenas em ratinhos reconstituídos com populações de células T que, como demonstrado pela avaliação *in vivo*, continham células Th e Tk específicas para os aloantigénios do enxerto. Uma vez que as células T indutoras da rejeição de aloenxertos cutâneos *in vivo* e as células TH para respostas CTL *in vitro* são idênticas nos seus fenótipos Lyt, especificidades antigénicas e capacidade de ativar células efectoras, é provável que as células T indutoras e TH sejam uma e a mesma coisa. Embora não tenham demonstrado que as células T indutoras medeiam a sua função auxiliar *in vivo* através da secreção de linfocinas, uma vez que, dadas as especificidades de reconhecimento das células T indutoras e T efectoras, estas são incapazes de se reconhecerem diretamente. Grande parte da controvérsia em torno da caraterização das células T envolvidas na rejeição de aloenxertos resultou de tentativas de deduzir a função a partir do fenótipo, apesar de a função das células T não ser estritamente segregada com o fenótipo das células T. O estudo indica que a rejeição de aloenxertos cutâneos pode ser razoavelmente vista como o ponto final *in vivo* de um processo imunitário específico do antigénio iniciado por células T_H secretoras de linfocinas e mediado por células Tk responsivas a linfocinas. Assim, uma resposta de rejeição depende: (a) da presença de células TH e Tk específicas para aloantigénios expressos pelo enxerto e (b) da capacidade dos elementos celulares no aloenxerto de pele para satisfazer os requisitos de reconhecimento e ativação das populações de células T aloespecíficas presentes no hospedeiro.

A capacidade de rejeitar o aloenxerto cutâneo não é exclusiva de um subconjunto especializado de células T com um determinado fenótipo Lyt, nem exclusiva de um subconjunto especializado de células T efectoras independentes de auxiliar com a chamada capacidade de dupla função. Em vez disso, a rejeição de aloenxertos cutâneos pode ser mediada por colaborações *in vivo* entre células T indutoras e células T efectoras, e os dois subconjuntos de células T em interação podem expressar diferentes fenótipos Lyt, bem como diferentes especificidades antigénicas (Rosenberg *et al.,* 1987).

5.1.4. Células T de dupla função na rejeição de aloenxertos

Uma questão importante na imunologia dos transplantes é a natureza das interacções e respostas celulares envolvidas nas respostas *in vivo* aos tecidos de aloenxertos. HAnteriormente, acreditava-se que a rejeição do aloenxerto cutâneo era iniciada e mediada apenas por populações de células T que continham células T secretoras de linfocinas e células T efectoras citolíticas (Teff) reactivas contra os aloantigénios do enxerto. Sabia-se que a rejeição de aloenxertos cutâneos podia resultar de interacções entre células TH e células Teff de diferentes fenótipos Lyt e de diferentes especificidades antigénicas. O estudo aborda especificamente as vias e interacções celulares envolvidas na rejeição de enxertos díspares do MHC de classe I. Embora a rejeição de enxertos cutâneos díspares de MHC classe I possa resultar de uma interação entre células TH específicas de L3T4$^+$ classe II e células Tc específicas de Lyt-2$^+$ classe I, a rejeição de enxertos díspares de MHC classe I pode também ser mediada por populações isoladas de células T Lyt-2$^+$. No entanto, neste último mecanismo, é incerto se as funções celulares TH e Teff, contidas na população isolada de células T Lyt-2^1 e necessárias para rejeitar enxertos de pele díspares de classe I, são mediadas por populações funcionalmente distintas de células TH e Teff ou por populações únicas de células TH/Teff de dupla função. Para abordar estas duas possibilidades, testaram se as células T específicas da classe I_H ajudavam *in vivo* à ativação de populações fisicamente distintas de células Teff capazes de rejeitar o aloenxerto cutâneo. O estudo mostra que as células T reactivas de classe I rejeitam o aloenxerto de pele para o qual são específicas, mas, ao contrário das células T reactivas de classe II, não geram ajuda para a rejeição do aloenxerto de pele de terceiros. No entanto, as células TH alo-específicas de classe I reconhecem e respondem a alodeterminantes de classe I expressos em enxertos de pele, mas as células T que respondem consomem quase toda a linfocina produzida. Estes resultados são mais consistentes com a participação em respostas de rejeição anti-classe I de células TH/Teff de função dupla que consomem as linfocinas auxiliares que segregam.

O estudo avalia a possibilidade de as respostas de rejeição específicas da classe I poderem também resultar de um segundo mecanismo celular que envolva uma única população de células TH/Teff de dupla função que não teria qualquer outro requisito de colaboração entre células. A estratégia experimental consistiu em determinar a capacidade das células T aloespecíficas do MHC de classe I, em resposta a alodeterminantes de classe I expressos em enxertos de pele, para fornecer ajuda *in vivo* para a ativação de células Teff dependentes de auxiliares.

Descobriram que as células T anti-Kbme alo-específicas de classe I rejeitavam o aloenxerto de pele bml, mas não geravam ajuda para a ativação de células efectoras dependentes de auxiliares que eram específicas para o aloenxerto de pele de terceiros (por exemplo, enxertos que expressavam Kbms, Qala ou HY alo-determinantes). Esta incapacidade das células T anti-Kbm para prestar ajuda em resposta a aloenxertos de pele bml não se deveu a uma incapacidade das células T^1 T_H que segregam linfocinas para reconhecer e responder *in vivo* aos alodeterminantes Kbml expressos na pele, uma vez que as células T $T^1{}_H$ que segregam linfocinas foram especificamente preparadas em animais enxertados com aloenxertos de pele bml. Também não foi encontrada qualquer evidência de que esta falha se devesse à supressão ativa da atividade auxiliar anti-Kbm[1] . Em vez disso, descobriram que as células T anti-Kbm' consumiam quase todos os factores auxiliares que segregavam. Em conjunto, estes resultados são mais consistentes com a atividade *in vivo* das células TH/Teff de função dupla que consomem as linfocinas que segregam. Assim, o estudo demonstra que os aloenxertos de pele díspares MHC classe I podem ser rejeitados por dois mecanismos, dependendo da capacidade da célula Teff aloespecífica de secretar linfocinas auxiliares. Os enxertos díspares de classe I do MHC podem ser rejeitados por: a) células Teff aloespecíficas de classe I que são incapazes de produzir linfocinas, mas que respondem à ajuda de células T exógenas; e b) células TH/Teff aloespecíficas de classe I com função dupla que são capazes de produzir e consumir linfocinas solúveis (Rosenberg *et al.*, 1988).

5.2. IFN-Y na rejeição de aloenxertos

As células T ingénuas específicas de aloantigénios desenvolvem geralmente um fenótipo produtor de citocinas do tipo I em resposta a um aloenxerto e, após infiltração no aloenxerto, são activadas para expressar funções efectoras, incluindo a produção de interferão (IFN-y) que medeia a rejeição do aloenxerto. Muitas das propriedades pró-inflamatórias do IFN-y, incluindo a expressão aumentada de moléculas MHC de classe I e de classe II, a expressão aumentada de integrinas nas células endoteliais, a indução de quimiocinas quimioatraentes das células T e a estimulação das funções efectoras dos macrófagos, como a produção de óxido nítrico e de espécies reactivas de oxigénio, promovem a rejeição do enxerto. A presença frequente de IFN-y e/ou dos seus produtos estimulados durante os episódios de rejeição implica que o IFN-y é uma citocina efectora fundamental durante a progressão da rejeição aguda, bem como no desenvolvimento da vasculopatia associada ao transplante. Tendo em conta a presença e o papel do IFN-y na promoção da rejeição, os relatórios que indicam a rejeição acelerada de aloenxertos renais e cardíacos, bem como de xenoenxertos, em ratinhos IFN-Y-/-(GKO) foram inesperados. Notavelmente, a rejeição acelerada observada nesses enxertos foi acompanhada por extensa necrose tecidual e hemorragia, em contraste com a rejeição mediada por infiltração de células mononucleares normalmente observada em aloenxertos com produção e sinalização funcionais de IFN-y. Resultados complementares foram observados quando aloenxertos de dadores deficientes na sinalização do recetor de IFN-y foram transplantados para receptores de tipo selvagem, sugerindo que. IFN-y protege o aloenxerto de alguma forma. O trabalho foi realizado em aloenxertos de fígado em receptores de tipo selvagem vs. receptores GKO. Em receptores de tipo selvagem, os aloenxertos com MHC incompatível sofrem um episódio de rejeição inicial caracterizado por infiltração de leucócitos, mas esta rejeição resolve-se e o recetor desenvolve tolerância específica do dador, definida pela incapacidade de rejeitar o aloenxerto de pele subsequente do dador de fígado. Em contraste, os aloenxertos de fígado em receptores GKO são rapidamente rejeitados com uma histopatologia que é novamente acompanhada por intensa necrose e hemorragia tecidual. São observados resultados semelhantes quando os aloenxertos de fígado de dadores IFN-y R-/- são transplantados para receptores de tipo selvagem. Coletivamente, estes resultados fornecem fortes evidências de que o IFN-y fornece sinais ao aloenxerto que induzem a proteção contra a necrose tecidular e a hemorragia observadas na sua ausência. O mecanismo que medeia esta forma de rejeição em receptores GKO não é claro, assim como os sinais que o IFN-y fornece para proteger o aloenxerto da rejeição. Dois efeitos conhecidos de regulação negativa do IFN-y são potencialmente operativos em resposta ao aloenxerto e poderiam inibir a rejeição acelerada e a necrose/hemorragia tecidual no aloenxerto. Em primeiro lugar, é evidente que o IFN-y restringe a extensão da proliferação de células T e a geração de linfócitos T citotóxicos (CTL) durante a preparação de antigénios para respostas imunitárias, incluindo a rejeição do aloenxerto. Assim, a expansão desregulada de células T específicas de aloantígenos induzida pelo aloenxerto na ausência de IFN-y poderia resultar em um grande compartimento de células T alorreativas que se infiltram nos enxertos e são responsáveis pela rápida rejeição de aloenxertos de órgãos sólidos. Essa expansão desregulada de células T alorreativas, no entanto, não explicaria a necrose tecidual grave e a hemorragia observadas no coração, nos rins e, no caso do relatório, no aloenxerto de fígado transplantado para receptores com deficiência de IFN-y. Como um segundo mecanismo de regulação negativa, o IFN-y atenua a infiltração de populações específicas de leucócitos nos tecidos parenquimatosos. Os neutrófilos são os primeiros leucócitos a infiltrar-se nos locais de inflamação dos tecidos, incluindo os aloenxertos, e a sua ativação para degranular nesses locais resulta na libertação de muitas enzimas de digestão dos tecidos. O IFN-y modula negativamente a produção de várias quimiocinas de neutrófilos, incluindo a KC e a MIP-2, as principais quimiocinas de neutrófilos em ratos. O IFN-y também modula para baixo a expressão celular endotelial das moléculas P- e E-selectina, que funcionam como mediadoras do rolamento dos neutrófilos no endotélio vascular e facilitam a paragem dos neutrófilos para a migração celular transendotelial e a infiltração nos espaços subendoteliais e no parênquima tecidular. Dois estudos recentes relataram a infiltração desregulada de neutrófilos no aloenxerto cardíaco e a rejeição necrótica/hemorrágica observada em receptores GKO. Os aloenxertos cardíacos em receptores deficientes em IFN-y exibem extensa necrose parenquimatosa e hemorragia. A depleção de neutrófilos do recetor em receptores de aloenxertos cardíacos GKO contorna a histopatologia e a rejeição acelerada. É importante notar que a infiltração desregulada de neutrófilos no aloenxerto e a subsequente rejeição necrótica não foram observadas quando os receptores foram depletados de células T CD8'. Estudos anteriores do grupo de Halloran também indicaram que o tratamento dos receptores com fármacos imunossupressores de células T atenuou a rejeição necrótica observada no aloenxerto renal em receptores GKO. Considerados em conjunto, estes resultados sugerem que a produção precoce de IFN-y pelas células T pode regular a infiltração de neutrófilos no aloenxerto, bem como outros mecanismos necróticos. A caraterização destas células T será importante para compreender a proteção imunitária contra este mecanismo de rejeição. Um mecanismo potencial para esta incapacidade é a infiltração desregulada de leucócitos e a expressão de funções efectoras que conduzem à necrose/hemorragia dos tecidos durante o episódio de rejeição inicial. Um tal ataque desregulado ao enxerto contornaria a resolução deste episódio de rejeição inicial que deve ser necessário para o desenvolvimento subsequente de tolerância específica do dador. De forma semelhante, vários estudos relataram a incapacidade de induzir tolerância mediada pelo bloqueio coestimulatório em receptores GKO de aloenxertos de coração e pele. Coletivamente, os estudos que utilizam receptores GKO e aloenxertos IFN-y R-/- indicam um papel crítico do IFN-y na proteção do aloenxerto contra a infiltração desregulada de leucócitos e a consequente necrose e hemorragia dos tecidos. É provável que o desenvolvimento da tolerância específica do dador seja prejudicado por estes acontecimentos. Estes estudos identificaram os efeitos yin e yang do IFN-y como uma citocina protetora para o aloenxerto no início do transplante, quando comparado com as propriedades da citocina que promovem a rejeição do aloenxerto quando produzida no tecido em momentos posteriores (Fairchild, 2003).

5.3. Mecanismo de rejeição de aloenxertos específicos e não específicos de antigénios

Para avaliar as contribuições relativas dos mecanismos efectores específicos e inespecíficos dos antigénios na rejeição de aloenxertos cutâneos, examinaram a rejeição de aloenxertos cutâneos tetraparentais num modelo de transferência adotiva em que os ratinhos hospedeiros imuno-incompetentes não foram imuno-reconstituídos até o aloenxerto cutâneo tetraparental ter voltado a crescer pêlos, tornando visualmente óbvia a presença de elementos celulares singénicos e alogénicos nos enxertos. Nestas experiências, os ratinhos nus B10 foram enxertados com pele de ratinhos tetraparentais B6^A/J que continham pêlos pretos pigmentados por melanócitos H-2^b e pêlos brancos associados a melanócitos H-2^a . O dia da reconstituição das células T foi considerado o dia 0. De forma surpreendente, a fase inicial da rejeição foi caracterizada por uma necrose inflamatória maciça e inespecífica dos enxertos que culminou com a formação de crostas. De facto, no dia 13, o aspeto do aloenxerto de pele tetraparental não diferia significativamente do do aloenxerto B6AF', no qual todas as células da pele expressavam antigénios H-2ª estranhos. No entanto, os enxertos Fl acabaram por sofrer uma contração completa e a formação de cicatrizes, ao passo que os enxertos tetraparentais mantiveram o volume, indicando a sobrevivência dos elementos do enxerto, e voltaram a crescer pêlos pretos, indicando a sobrevivência dos folículos pilosos e melanócitos H-2^b singénicos. O exame imuno-histológico do enxerto sobrevivente não detectou quaisquer células remanescentes de origem alogénica H-2^a . Assim, nestas experiências, os elementos epidérmicos do aloenxerto de pele tetraparental foram destruídos de forma inespecífica na resposta inflamatória maciça inicial; no entanto, as estruturas dérmicas críticas que determinam a viabilidade da pele, o crescimento do pelo e a cor do pelo foram destruídas de uma forma altamente específica para o antigénio. A destruição inflamatória dos elementos epidérmicos dos enxertos tetraparentais pode ter sido causada por muitos mecanismos diferentes.

No entanto, é consistente com o efeito de citocinas inflamatórias que são segregadas por células TH activadas ou, mais provavelmente, por células Tc activadas. A preservação específica de células singénicas nos enxertos tetraparentais é indicativa de um mecanismo efector Tc, mas não é inconsistente com um mecanismo efector dirigido por anticorpos. No entanto, os anticorpos específicos não são essenciais para as respostas de rejeição do enxerto, mas, quando estão presentes, promovem a destruição de células endoteliais vasculares estranhas que foram identificadas como alvos nas respostas de rejeição do enxerto de pele. Paradoxalmente, a morte inespecífica por anticorpos de elementos de enxerto singénico e alogénico compromete o fornecimento de sangue ao enxerto (Rosenberg e Singer, 1988).

O principal mecanismo efector da rejeição do aloenxerto de pele tem componentes específicos e não específicos do antigénio. A destruição de estruturas dérmicas críticas que determinam a viabilidade final do enxerto de pele é altamente específica do antigénio e é quase certamente realizada por células Tc, enquanto a destruição de estruturas epidérmicas não críticas do aloenxerto de pele é não específica do antigénio e pode ser realizada por células inflamatórias ou pelos seus produtos secretórios (Otto e Ulriches, 2004).

CAPÍTULO 6

TERAPIA IMUNOSSUPRESSORA

Os avanços na imunossupressão tiveram um impacto significativo no domínio da transplantação de órgãos inteiros. Foram desenvolvidos novos agentes químicos, como a CsA, o tacrolimus, o sirolimus e o MMF, que utilizam mecanismos inovadores, resultando em tempos de sobrevivência prolongados. Apesar da maior eficácia destes novos agentes imunossupressores, a suscetibilidade do hospedeiro a infecções, a malignidade e a toxicidade específica do órgão continuam a ser sérias limitações. Por conseguinte, muitos especialistas acreditam que a indução de tolerância será o futuro da transplantação de órgãos, uma vez que tornaria supérflua a imunossupressão farmacológica. No entanto, infelizmente, os modelos animais de tolerância atualmente disponíveis não são satisfatórios. Por conseguinte, foi estabelecido um modelo no qual, através da utilização de GM-CSF e IFN-Y, a resposta imunitária exclusivamente de macrófagos imunossuprimidos por agentes farmacológicos foi seletivamente reactivada. Curiosamente, a resposta imunitária reconstituída resultou numa contenção controlada de bactérias em ratinhos CBA/Ca resistentes a *Salmonella*. Além disso, uma vez que neste modelo a resposta das células T permaneceu silenciada, a aceitação do enxerto de pele não foi afetada. Para a indução da imunossupressão, foram seleccionados fármacos clinicamente relevantes, como os glucocorticóides, a CsA, o tacrolimus e o MMF. Além disso, o sirolimus

foi utilizado nas presentes experiências, uma vez que este medicamento entrará provavelmente na clínica num futuro próximo (Waldman, 2001).

6.1. Indução de auto-tolerância

A resposta imunitária está organizada de forma a reagir a agentes patogénicos microbianos e a evitar respostas ao próprio organismo. Esta especificação é em grande parte orquestrada através do desempenho dos linfócitos processados no timo (células T). Muitas células T auto-reactivas são purgadas no timo durante o desenvolvimento. As que migram para fora do timo estão preparadas para reagir ao mundo exterior, caso surja a ocasião. Na montagem das respostas imunitárias, as células T cooperam entre si, com células da linhagem mieloide/monócitos e com células B que produzem anticorpos para eliminar o antigénio incitante. As células T têm receptores distribuídos clonalmente que as ajudam a reconhecer e a responder a péptidos antigénicos processados em células apresentadoras de antigénios (APC) especializadas. As células dendríticas são as APCs mais importantes. No estado de repouso, as células dendríticas podem endocitar e processar o antigénio, mas não podem fornecer estímulos adequados para ativar as células T com função destrutiva. Para tal, as células dendríticas têm de ser activadas, quer através de receptores primitivos inatos que detectam produtos microbianos ou "perigo", quer através da interação com as próprias células T pré-activadas. A capacidade de ativar as células T requer o reconhecimento do antigénio pelo recetor de células T, a utilização de co-receptores como CD4 e CD8 e a emissão de sinais de co-estimulação através da interação de CD40, CD80 e CD86 e de outras moléculas de superfície com contra-receptores adequados nas células T. A falta de ligação adequada aos receptores, a utilização de co-receptores ou a co-estimulação podem levar a que as células T não registem um sinal, comportando-se como se ignorassem o antigénio. As células T podem também registar sinais "incompletos" que as levam a tornar-se tolerantes a esse antigénio. Por vezes, esta "tolerância" das células T está associada à sua capacidade de suprimir ou regular o comportamento de outras células T. As células T parecem estar organizadas para

funcionam de forma cooperativa. Por outras palavras, uma resposta imunitária exige que muitas células T interajam umas com as outras, provavelmente através da ativação de células dendríticas. A escassez de interação entre as células T pode também favorecer a tolerância. De um modo geral, as células T são influenciadas pela atividade local de outras células T e pelos sinais que lhes são transmitidos pelas APCs. O grau de ativação das células dendríticas parece determinar se estas células se comportam como APCs "tolerogénicas" ou como APCs "imunogénicas". Trabalhos recentes demonstraram a existência de células T naturalmente dispostas a atenuar ou suprimir as respostas imunitárias. Estas chamadas células T reguladoras naturais são atualmente identificadas pela expressão de CD25 e do fator de transcrição FOXP3. Na sua ausência, o sistema imunitário pode estar em maior risco de desenvolver autoimunidade e uma série de doenças imunopatológicas (Borrebacek e Carlson, 2001).

6.1.1. Anticorpos monoclonais para induzir tolerância

Os primeiros estudos destinados a interferir na cooperação das células T demonstraram que os mAbs anti-CD4 depletores podiam permitir a indução de tolerância a proteínas estranhas em ratinhos adultos. A adição de anticorpos CD8 permitiu a sobrevivência a longo prazo da pele transplantada e, quando combinada com uma dose subletal de irradiação não mieloablativa, poderia permitir o enxerto de medula através das barreiras do MHC. O quimerismo do dador conseguido desta forma garantiu a tolerância aos tecidos do dador, como a pele. A tolerância a proteínas estranhas, enxertos de medula e de pele também pôde ser alcançada sem a necessidade de esgotar as células T, demonstrando que o bloqueio do co-recetor CD4 era suficiente para o efeito. Desde então, muitos grupos demonstraram que uma variedade de anticorpos que interferem com as interacções entre as células T e as APC também podem induzir tolerância. As combinações mais potentes têm sido as que medeiam o bloqueio dos co-receptores (anticorpos CD4 e CD8) e as que produzem um bloqueio da co-estimulação (anticorpos CD154 e a proteína de fusão CTLA4-lg). No domínio das doenças auto-imunes, os anticorpos CD3 administrados no início da hiperglicemia revelaram-se úteis na reversão da diabetes. Em todos os casos, o controlo da imunopatologia envolve um certo equilíbrio entre a eliminação, a energia das células T específicas do antigénio e o aparecimento de células T reguladoras CD4 que passam a dominar quaisquer células residuais reactivas ao antigénio. Com base nestas descobertas, a investigação sobre a utilização de anticorpos para induzir tolerância ao transplante dividiu-se em duas direcções. A primeira visa alcançar a tolerância totalmente por deleção, tentando assegurar um quimerismo adequado do dador. A segunda visa obter tolerância diretamente para o próprio tecido, utilizando inevitavelmente, mas sem querer, o poder das células T reguladoras. Existe, de facto, um meio-termo em que as infusões de medula óssea administradas como parte de um protocolo de tolerância também podem induzir tolerância por regulação, com um quimerismo mínimo ou nulo detetável. Nas doenças auto-imunes, as tentativas de reprogramação requerem uma intervenção durante a doença ativa. Muito menos tem sido feito em modelos pré-clínicos para estudar formas de restaurar a tolerância nessas circunstâncias, sendo o modelo da diabetes o paradigma. Também aqui há boas provas da indução de células T reguladoras como parte do processo de reprogramação. Para que estas novas abordagens de indução de tolerância se tornem clinicamente aplicáveis, é necessário saber como os vários regimes baseados em anticorpos interagem com a terapia medicamentosa convencional. Será que alguns antagonizam, será que alguns sinergizam? Por exemplo, certos inibidores da calcineurina podem inibir a tolerância induzida pela co-estimulação. A maioria dos estudos para induzir modelos imunitários de tolerância terapêutica centrou-se na intervenção ao nível das interacções entre as células T e as APC. Pouco tem sido feito para estudar o impacto da remoção das células B com anticorpos, iniciativa que tem sido largamente tomada na área clínica após a disponibilidade do Rituximab (Chatenoud, 1998).

6.1.2. Aceitação do aloenxerto a longo prazo induzida pelo anticorpo antigénio comum dos leucócitos (RT7)

Os anticorpos para diferentes moléculas de superfície de células imunocompetentes foram examinados quanto à sua potência imunossupressora *in vitro* e *in vivo*. Nas últimas décadas, vários anti-soros ou anticorpos monoclonais foram também testados clinicamente e alguns tornaram-se parte integrante da terapia imunossupressora no transplante de órgãos. Uma vez que os anticorpos são aplicáveis apenas por períodos curtos e, por conseguinte, o seu efeito imunossupressor é limitado, o tratamento a longo prazo com medicação imunossupressora continua a ser geralmente necessário para manter a função do enxerto no transplante clínico de órgãos. O antigénio comum dos leucócitos (CD45) é uma glicoproteína expressa na superfície celular das células da linhagem hematopoiética, exceto as da linhagem eritroide madura, e representa um alvo potencial para a imunossupressão. Os soros anti-linfócitos (ALS) também contêm anticorpos que se ligam à molécula CD45 e podem prolongar a sobrevivência de aloenxertos de pele de rato, embora seja necessária uma administração repetida. Em estudos anteriores, no entanto, foi demonstrado que o efeito imunossupressor do ALS não depende exclusivamente da sua reatividade com o CD45; em comparação com o ALS, os anticorpos anti-CD45 requerem doses mais elevadas para um efeito imunossupressor semelhante. No entanto, mais recentemente, alguns trabalhos demonstraram que a administração repetida de um anticorpo monoclonal (mAb) contra CD45RB, uma isoforma de CD45 gerada por splicing alternativo, poderia induzir a aceitação a longo prazo do aloenxerto num modelo de aloenxerto renal de ratinho. No estudo, os investigadores aplicaram um mAb dirigido a um epítopo alotípico do antigénio CD45 do rato (RT7) que está presente em todas as isoformas de CD45. O local de ligação deste mAb é uma região alomórfica da família molecular RT7 que é diferente dos epítopos reconhecidos pelo mAb OX-1 ou pelo ALS. O objetivo do estudo foi investigar as propriedades de ligação *in vitro* e as características *in vivo* deste mAb num modelo de transplante de rato totalmente incompatível com o complexo principal de histocompatibilidade (MHC) (Otto e Ulriches, 2004).

6.2. Células Dendríticas e Indução de Tolerância

As células dendríticas (DC) têm sido tradicionalmente vistas como "inimigos" que instigam o processo de rejeição. Mais recentemente, ganharam uma atenção considerável como células apresentadoras de antigénios (APC) que também são capazes de induzir/manter a tolerância imunológica. Esta visão contemporânea das CD reflecte novos conhecimentos sobre a forma como estas células regulam as respostas das células T (Wang *et al.,* 2006).

6.2.1. Células dendríticas: Reguladores cruciais da imunidade

As CD são leucócitos raros, excecionalmente bem equipados, que processam e apresentam Ag e que residem em praticamente todos os tecidos. Desempenham um papel fundamental na imunidade inata e adaptativa. As CD recolhem constantemente amostras do microambiente local através da absorção de Ag próprios e exógenos. Em resposta à infeção/inflamação, ou após transplante de órgãos, as CD migram de locais periféricos para áreas de células T do tecido linfoide secundário. Esta translocação está associada à sua maturação, em que a expressão superficial do complexo principal de histocompatibilidade (MHC) e das moléculas co-estimuladoras (por exemplo, CD4O) necessárias para a ativação das células T é aumentada. A CD produz a potente citocina (IL-12) que estimula as células T helper (T_H) e é a única APC que pode ativar células T naive. Para além do seu papel como principais instigadores da reatividade imunitária, as CD parecem ser importantes na tolerância central e periférica das células T. Assim, sabe-se que as CD tímicas eliminam células T potencialmente auto-reactivas, ao passo que as CD imaturas recém-isoladas ou propagadas a partir de tecidos não linfóides, como o fígado, o trato respiratório ou o intestino, apresentam tolerância às células T. O aproveitamento e a otimização da potencial tolerogenecidade das CD podem conduzir a melhores resultados no transplante de células e órgãos, incluindo a atenuação da rejeição crónica. Os factores de crescimento hematopoiético que mobilizam potente e seletivamente as CDs podem ajudar a atingir este objetivo (Toby *et al,* 2002).

6.2.2. Células dendríticas e tolerância periférica

Através da sua capacidade de ingerir eficazmente Ag exógenos e de apresentar Ag processados às células T autólogas, as CD são instigadores fundamentais do sistema de defesa do organismo. No entanto, não são constantemente chamadas a instigar a defesa contra agentes patogénicos invasores. No estado normal de equilíbrio, as CDs constituem uma proporção relativamente constante de células no tráfego linfático aferente dos locais periféricos para o tecido linfoide de drenagem. Recentemente, foi lançada uma nova e importante luz sobre o objetivo desta migração celular, através do reconhecimento de que as CD imaturas são altamente eficientes na absorção de corpos apoptóticos em tecidos saudáveis. Embora as CD possam fagocitar tanto corpos necróticos como apoptóticos, apenas o material derivado dos primeiros estimula a imunidade das células T. Este facto sugere um mecanismo pelo qual a tolerância aos tecidos saudáveis pode ser tolerada. Isto sugere um mecanismo pelo qual pode ser alcançada a tolerância ao Ag próprio (tal como adquirido pelas CD sob a forma de corpos apoptóticos gerados pela constante renovação celular) e uma função para as CD derivadas de tecidos imaturos nos momentos em que não são necessárias para a defesa ativa do organismo. Huang *et al.* identificaram corpos apoptóticos de origem epitelial intestinal no tráfico de CDs de ratos para os gânglios linfáticos mesentéricos. Este papel das CD na tolerância periférica pode ser fundamental para a manutenção da auto-tolerância aos Ags que não podem ser apresentados pelas CD tímicas no período neonatal (como os Ags do ovário maduro ou do tecido mamário maduro) (Toby *et al.*, 2002).

6.2.3. Visando o papel das células dendríticas na resposta direta e indireta Aloreconhecimento

A rejeição de aloenxertos de órgãos é um processo associado, tradicionalmente, à migração de leucócitos "passageiros" intersticiais do dador para o tecido linfoide do recetor. Na altura do transplante, vários leucócitos (incluindo linfócitos B, monócitos e CD) e outras células, como as células endoteliais, constituem a APC do enxerto. A migração das CD derivadas do dador para o tecido linfoide do hospedeiro permite a apresentação direta de MHC Ags altamente imunogénicos derivados do dador às células T naive do recetor. As CD maduras são as APC mais potentes, capazes de ativar diretamente as células T CD8[1] citotóxicas ingénuas e específicas dos alo Ags através da sinalização CD40, sem a ajuda das células T CD4[1] . No que diz respeito à via indireta pela qual o Ag exógeno é apresentado pelas CD, resultando na geração de complexos de péptidos MHC de classe I, existem novas provas de que as CD maduras *in vitro* podem tolerar células T CD8[1] na ausência de células TH CD4 ou de um estímulo para CD40. Embora as CDs do dador sejam claramente importantes no aloreconhecimento direto, as CDs do recetor também desempenham um papel significativo na rejeição do enxerto através da via indireta. O aloreconhecimento indireto ocorre quando as APC de origem hospedeira apresentam péptidos do dador às células T do hospedeiro no contexto das moléculas MHC do recetor. A contribuição relativa do aloreconhecimento direto e indireto para a rejeição de enxertos de pele em murinos foi recentemente analisada. Durante a rejeição aguda, 10% das células T reconheceram alopeptídeos apresentados indiretamente. Em contrapartida, os restantes 90% das células T que responderam aos péptidos do MHC do dador apresentados diretamente. Este papel predominante da via direta fornece uma base racional para a manipulação das CD derivadas do dador para prevenir a rejeição aguda do enxerto e promover a indução de tolerância. Por outro lado, pensa-se que o aloreconhecimento indireto tem maior importância na patogénese da rejeição crónica. Assim, a manipulação de CD derivadas do hospedeiro através da pulsação com o péptido MHC de classe I do dador para promover a sua tolerogenecidade no transplante de órgãos e de células de ilhéus pancreáticos, tal como descrito em ratos, pode ser uma abordagem igualmente importante para a terapia deste processo (Wang *et al.,* 2006).

6.2.4. Mecanismos através dos quais as CD podem promover a tolerância ao transplante

Eliminação de células T

O papel crítico que as CD podem desempenhar na determinação do equilíbrio entre a tolerância e a rejeição do transplante é indicado por estudos de transplante de fígado em murinos, nos quais o número de potenciais CD alo-estimuladoras de dadores no enxerto é dramaticamente aumentado pelo tratamento de dadores com o potente fator de crescimento hematopoiético endógeno, o ligando da tirosina quinase 3 semelhante a barbatanas (Flt3L). Quando o Flt3L é administrado a ratinhos dadores, os aloenxertos hepáticos que, de outra forma, seriam aceites sem imunossupressão, são rejeitados de forma aguda. Estudos de aloenxertos hepáticos murinos aceites espontaneamente na combinação das estirpes B10 ($H2^b$) e C3H ($H2^k$) sugerem que a apoptose precoce de células T alorreativas (dia 2±4 pós-transplante) está associada a um enxerto hepático bem sucedido e à indução de tolerância específica do dador. Quando a rejeição aguda do fígado é induzida pelo tratamento do dador com Flt3L ou pelo tratamento do recetor com IL-12 ou IL-2, a apoptose das células T no enxerto de fígado é drasticamente reduzida. Isto sugere que um processo ativo de morte celular induzida por ativação (AICD) induzida por APC do dador pode facilitar a indução de tolerância ao transplante de fígado. Também levanta a possibilidade de que a potenciação deste processo possa promover a sobrevivência do aloenxerto em vários tipos de transplante de órgãos. O bloqueio da expressão de moléculas coestimuladoras nas CD alogénicas promove a sua capacidade de induzir AICD em células T aloactivadas. Além disso, o aumento do potencial tolerogénico das CD imaturas de dadores quando combinadas com mAb anti

CD40L (CD154) em receptores de enxertos cardíacos está associado a um aumento da morte apoptótica das células infiltrantes do enxerto. A importância das AICD no estabelecimento da tolerância das células T periféricas aos alo Ags foi recentemente demonstrada no transplante de células de ilhéus do fígado e do pâncreas, e também pela administração de leucócitos do dador em modelos de transplante de fígado.

Indução de células reguladoras T/anergia celular

Um mecanismo através do qual as CD imaturas do dador (que emitem o sinal 1 na ausência do sinal 2) poderiam modular as respostas aos alo Ags no tecido linfoide de drenagem do recetor é através da indução de células T reguladoras (T reg). Um subconjunto de células T reg CD4^{1} (células Tr1) foi identificado após a clonagem de células T activadas por alo Ags expostas a IL 10. Estas células segregam IL-10 e o fator de crescimento transformador-b (TGE-b), mas níveis baixos de IL-2 e nenhuma IL-4. Em condições não inflamatórias (estado estacionário), o Ag transportado para o tecido linfoide de drenagem através de CD imaturas pode ser apresentado às células T na ausência de expressão de moléculas coestimuladoras e podem ser geradas células do tipo Tr1. Para dar crédito a esta hipótese, foram feitas observações recentes em indivíduos humanos normais que receberam uma única injeção intravenosa de CD imaturas, autólogas, derivadas de monócitos, pulsadas com a proteína da matriz da gripe. Isto resultou na geração de células T produtoras de IL-10 específicas da proteína da matriz. Além disso, a estimulação repetida de células T ingénuas do sangue do cordão umbilical humano com CD alogénicas imaturas pode induzir células T CD4^{1} produtoras de IL-10. A implicação para o transplante destes estudos em animais e de outros estudos relacionados é que as CD imaturas são capazes de induzir a hiporesponsividade das células T específicas do Ag in *vivo*, através do que pode envolver um mecanismo regulador ativo. Por outro lado, estas observações comportam uma advertência importante para a terapia do cancro com CD, na medida em que a apresentação de Ag tumoral por CD imaturas pode (não intencionalmente) inibir uma resposta antitumoral eficaz. Recentemente, demonstrou-se que uma CD murina associada à linhagem B, derivada de progenitores residentes no fígado, induz células do tipo Tr1 *in vitro* e prolonga a sobrevivência de aloenxertos de órgãos. Utilizando linhas de células T CD4^{1} , foi demonstrado que os precursores de CD plasmocitóides humanos (pDC2) enriquecidos a partir do sangue periférico induzem anergia das células T in *vitro*, o que levou os autores a sugerir que estas

CD estão envolvidas na manutenção da tolerância das células T periféricas e têm potencial para suprimir a rejeição de aloenxertos.

Desvio imunitário

A utilização de DC para desviar a resposta imunitária da predominância de células T_H 1 para T_H 2 é outra abordagem teórica para aproveitar as DC para a terapia anti-rejeição. Num contexto de não-transplante, a prevenção da diabetes autoimune tipo 1 (dependente de insulina) através de CD autólogas geradas por GM-CSF/IL-4 em ratinhos diabéticos não obesos (NOD) foi associada a um desvio imunitário. A aplicação desta abordagem, utilizando CD derivadas de dadores com indução de T_H 2 em seres humanos, poderá ser bem sucedida na modificação da rejeição da medula óssea (BM) ou de aloenxertos de órgãos (Toby *et al.*, 2002).

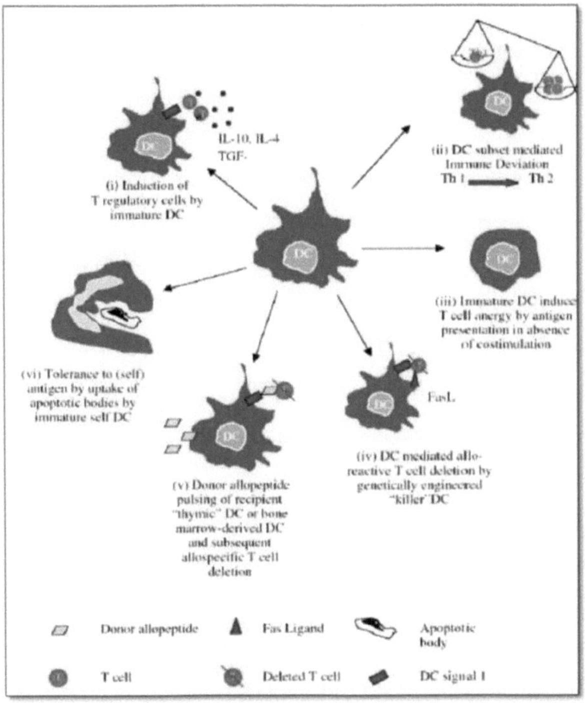

Figura 3: Os mecanismos pelos quais as células dendríticas derivadas do dador ou do hospedeiro podem promover a tolerância ao transplante incluem: (i) indução de células T reguladoras através da estimulação repetida de células T CD4 por células dendríticas imaturas, segregando citocinas como a IL-10 ou o TGF-B; (ii) o desvio imunitário para as respostas das células

Th2 do recetor pode ser promovido através do aumento seletivo de uma população adequada de células dendríticas, como os progenitores DC plasmocitóides humanos (pDC2); (iv) as células dendríticas geneticamente modificadas ou "projectadas" podem inativar ou eliminar as células T alorreativas através da expressão de moléculas indutoras da morte das células T, como o FasL ou o TRAIL (ligando indutor da apoptose do recetor do TNF) (v) pulsação de células dendríticas derivadas do timo ou da MO do recetor com alopeptídeo MHC de classe I do dador; vi) a tolerância aos aloAgs também poderia teoricamente ser induzida utilizando células dendríticas imaturas do dador células dendríticas derivadas que engoliram os corpos apoptóticos do dador (Coates e Thomson 2002).

6.3. HLA-G na transplantação

O HLA-G é uma molécula não clássica do MHC de classe I com características únicas que o tornam um candidato atrativo para utilização na prevenção da rejeição de enxertos e na imunomonitorização de doentes transplantados. Em primeiro lugar, o HLA-G é uma molécula HLA de classe I minimamente polimórfica. Até à data, apenas foram descritos 15 alelos que codificam sete proteínas diferentes, não tendo sido registada qualquer alorresposta dirigida contra o HLA-G. Em segundo lugar, o gene HLA-G pode dar origem a sete isoformas proteicas. HLA-G1 a -G4 são moléculas ligadas à membrana, enquanto HLA-G5, -G6 e -G7 são as contrapartes solúveis de HLA-G1, G2 e G3, respetivamente. Todas as isoformas de HLA-G resultam do splicing alternativo de um único transcrito primário, do qual são excisados os exões que codificam os domínios alfa 2 (HLA-G2 e -G6), alfa 3 (HLA-G4) ou alfa 2 e 3 (HLA-G3 e -G7). A estrutura do HLA-G1 e do HLA-G5 é semelhante à das moléculas HLA clássicas de classe I, uma vez que todas elas se associam à e2-microglobulina e apresentam péptidos. Funcionalmente, o HLA-G é um potente inibidor da função das células envolvidas na rejeição do enxerto, nomeadamente as células NK, os linfócitos T CD45 e CD85 e as células apresentadoras de antigénios. O HLA-G exerce uma função inibidora direta ao interagir com pelo menos três receptores inibidores: ILT2, ILT4 e KIR2DL4/p49. Além disso, o HLA-G é indiretamente inibidor, uma vez que a sua expressão aumenta a expressão na superfície celular do HLA-E, outro antigénio HLA de classe I não clássico. Em condições fisiológicas, e em contraste com a molécula HLA-E ubiquamente expressa, a expressão da proteína HLA-G está restrita aos tecidos extra-embrionários e ao epitélio tímico. No entanto, em condições patológicas, o HLA-G pode ser expresso por APCs activadas por citocinas, alguns tumores, células infectadas por vírus, durante doenças cutâneas inflamatórias (por exemplo, psoríase) e, como foi recentemente demonstrado, por transplantes aceites. Em particular, os resultados mostram que (i) em alguns pacientes transplantados de coração, o HLA-G é detectado no

no soro, bem como no transplante, estando este facto correlacionado com uma melhor aceitação do enxerto. A expressão de HLA-G pelo tecido transplantado pode participar na proteção do enxerto, uma vez que também foi demonstrado que ii) as células T CD4S alogénicas segregam HLA-G5 solúvel e que iii) o HLA-G1 ligado à membrana ou o HLA-G5 solúvel inibem a aloreactividade das células T CD4S. O efeito protetor do HLA-G foi também investigado no contexto da xenotransplantação, tendo os autores demonstrado que (iv) o HLA-G1 inibe as funções citolíticas e migratórias das células NK xenogénicas em sistemas de transfecção. Finalmente, (v) um modelo animal transgénico evidenciou um novo papel para o HLA-G, como inibidor da maturação funcional das APC, induzindo assim uma sobrevivência prolongada do aloenxerto.

6.3.1. O HLA-G inibe as respostas alogénicas

As células NK e as células T CD4S e CD85 aloreactivas desempenham um papel crucial na rejeição de aloenxertos. Estes três subconjuntos de células expressam pelo menos um recetor HLA-G inibitório e foi evidenciada a inibição das suas funções por HLA-G solúvel e ligado à membrana. A inibição da função citolítica das células NK pelo HLA-G foi demonstrada *in vitro* após a transfecção do HLA-G em linhas celulares alogénicas HLA classe I negativas sensíveis às NK, ou em linhas celulares HLA classe I positivas mas sensíveis às NK. Nestas experiências, as células transfectadas com HLA-G foram protegidas contra a lise tanto pelas células NK do sangue periférico como pelas linhas de células NK, de uma forma independente do HLA-E. A inibição da função das células NK pelo HLA-G foi ainda demonstrada *ex vivo*, mostrando que o HLA-G protegia as células citofoblásticas da lise pelas células NK deciduais semi-alogénicas da mãe ou por células NK deciduais alogénicas de mães diferentes. Finalmente, um estudo evidenciou um papel semelhante para o HLA-G5 solúvel na inibição da função das células NK. A inibição da função citolítica mediada pelo HLA-G também foi demonstrada para as células T CD85. A inibição da reação cognata foi demonstrada através da transfecção de HLA-G em células alvo, que apresentavam o epítopo imunodominante da matriz do vírus da gripe. Nestas experiências, a presença de HLA-G na superfície das células-alvo inibiu a função citolítica das CTL específicas do péptido. Isto verificou-se nas células alvo transfectadas com HLA-G1, -G2, -G3 ou -G4. Além disso, a função citolítica das células T CD85 também podia ser anulada por HLA-G purificado de trofoblasto adicionado a reacções mistas de linfócitos. Isto indica um possível papel do HLA-G solúvel na inibição da citólise mediada por células T. A inibição da aloproliferação das células T CD4S pelo HLA-G1 ligado à membrana foi demonstrada em dois estudos, nos quais o HLA-G1 foi transfectado para células MHC de classe II positivas. Em ambos os estudos, a presença de HLA-G1 inibiu a aloproliferação das células T CD4S em 80%, em comparação com controlos não transfectados. Além disso, os cientistas utilizaram células K562 negativas para HLA, transfectadas com HLA-G1, como células terceiras em reacções mistas de linfócitos (MLR). Estas células K562 transfectadas com HLA-G1 induziram uma inibição quase completa (95%) da resposta aloproliferativa. O HLA-G pode ser encontrado como uma molécula solúvel e, sob esta forma, o HLA-G tem também uma função inibidora. De facto, alguns outros demonstraram que o HLA-G5 era produzido por células T CD4S aloreactivas em algumas combinações alogénicas de MLR. Em contrapartida, este HLA-G solúvel produzido endogeneamente inibiu a resposta aloproliferativa das células T CD4S. Curiosamente, estes autores também demonstraram que o HLA-G5 era a única isoforma de HLA-G produzida por células T CD45 aloreactivas, em nítido contraste com todos os outros estudos sobre HLA-G, em que o HLA-G1 foi sempre detectado principalmente em amostras HLA-G positivas.

Devido às suas funções inibitórias, o HLA-G é uma molécula que suscitou muito interesse. O potencial tolerogénico do HLA-G foi primeiramente apoiado em células trofoblásticas HLA-A e -B negativas, onde a expressão do HLA-G desempenha um papel importante na proteção do tecido fetal semi-alogénico contra o sistema imunitário da mãe. Desde então, as funções tolerogénicas do HLA-G foram investigadas noutros contextos. Foi demonstrada a expressão de HLA-G por alguns tumores. Muitas vezes, as células tumorais expressam níveis adequados de moléculas MHC, apresentam péptidos imunogénicos, mas escapam à imunidade mediada por células T. Do mesmo modo, alguns tumores reduzem a sua expressão de moléculas MHC, mas escapam à imunidade mediada por NK. Os mecanismos pelos quais ocorre o escape imunitário são múltiplos, mas uma forma eficiente seria os tumores expressarem moléculas imuno-inibidoras como o HLA-G. Embora nem todos os tumores o expressem, o HLA-G foi detectado em amostras biológicas de doentes com melanoma, carcinoma renal, cancro da mama, cancro do pulmão, leucemia mielogénica, glioma e linfoma cutâneo primário. Por conseguinte, é possível que a expressão de HLA-G pelos tumores desempenhe um papel na sua fuga imunitária. No que diz respeito à xeno e alotransplantação, o tema abordado neste livro enfatizou o papel potencial do HLA-G na inibição da rejeição. Indeed, (a) HLA-G is a quasi-monomorphic HLA class I molecule that does not trigger alloresponses, (b) HLA-G has at least one receptor on cells from each subset of effectors involved in allo and xenograft rejection, (e) HLA-G is capable of down-regulating allo and xeno-reactions by acting, sometimes at several levels, on all cell subsets which are involved in rejection, i.e. células NK, linfócitos T CD4S e CD85 e APC, d) o HLA-G pode ter um efeito inibidor mesmo quando apresentado por células de terceiros (potencialmente células do enxerto), uma vez que e) o HLA-G se encontra efetivamente nos aloenxertos aceites. À luz destes dados, é justo colocar a hipótese de que as funções inibidoras do HLA-G podem ser tolerogénicas.

Isto faz do HLA-G um candidato atrativo para o desenvolvimento de estratégias terapêuticas e uma molécula a ter em conta na imunomonitorização dos receptores de transplantes. Em última análise, embora a substituição de tecidos danificados por células estaminais adultas possa revelar-se uma alternativa terapêutica eficaz ao transplante de órgãos, esta abordagem é dificultada pela atual exigência de células autólogas. Por conseguinte, é possível argumentar que a indução da expressão de HLA-G pelas células estaminais as protegeria da alorejeição, alargando assim a sua potencial utilização na terapia humana (Ronas-Freiss *et al.,* 2003).

6.4. Novas abordagens para o desenvolvimento da tolerância

Atualmente, foi adoptada uma vasta gama de fármacos imunossupressores para controlar as respostas imunitárias indesejadas, em especial as que provocam doenças auto-imunes e a rejeição de transplantes. Estes fármacos têm de ser administrados a longo prazo e actuam penalizando todo o sistema imunitário, apesar de apenas uma pequena percentagem dos linfócitos do organismo ser efetivamente responsável pela lesão dos tecidos. Isto significa que o médico tem de equilibrar cuidadosamente a dose do medicamento com o risco de infeção, cancro e outros efeitos secundários indesejáveis. Seria preferível controlar apenas os grupos de linfócitos responsáveis, deixando os outros livres para lidar normalmente com os agentes infecciosos. As pistas para o conseguir provêm da compreensão da forma como o sistema imunitário evita reagir ao "eu" e do aproveitamento desses mecanismos de tolerância para reprogramar o sistema. Estudos efectuados em modelos de ratos mostram que cursos curtos de anticorpos monoclonais (mAbs) dirigidos a moléculas-chave dos linfócitos são capazes de produzir tolerância a longo prazo a partir de uma terapia de curta duração. O principal desafio para a evolução de novas formas de imunossupressão será aplicar o princípio da reprogramação ao sistema imunitário humano (Simpson, 2004).

6.4.1. Quimerismo misto e tolerância ao transplante

Nas últimas duas décadas, a transplantação de órgãos tornou-se uma opção terapêutica de rotina para os doentes com falência de órgãos em fase terminal. Os resultados a curto e a longo prazo após a transplantação de órgãos melhoraram consideravelmente; no entanto, a morbilidade e a mortalidade a longo prazo continuam a ser problemas substanciais. A imunossupressão crónica de que os receptores de transplantes de órgãos necessitam para o resto das suas vidas não consegue frequentemente evitar a perda do órgão devido à rejeição crónica e está associada a efeitos secundários graves, incluindo infecções, doenças malignas, nefrotoxicidade e perturbações metabólicas. A indução fiável de um estado de tolerância imunológica robusto, sem fármacos e permanente poderia constituir uma solução para estes problemas prementes no domínio da alotransplantação. Além disso, a dramática escassez de órgãos humanos disponíveis renovou o interesse pela utilização de órgãos de outras espécies. No entanto, as formidáveis barreiras imunológicas colocadas pela xenotransplantação exigiriam provavelmente níveis inaceitavelmente elevados de imunossupressão crónica inespecífica, que poderiam ser evitados através da indução de xenotolerância. Assim, as estratégias para a indução de tolerância ao transplante têm o potencial de melhorar drasticamente as perspectivas dos receptores de aloenxertos e de abrir a porta a toda uma nova era de transplantes com xenoenxertos (Adams *et al.*, 2003).

Antes de discutir estratégias específicas para a indução de quimerismo misto e tolerância, vamos descrever brevemente o conceito básico subjacente a esta abordagem. Em princípio, qualquer protocolo de tolerância bem sucedido tem de conseguir duas coisas: (a) a eliminação ou inativação de células T maduras reactivas ao dador pré-existentes; (b) a eliminação ou inativação ao longo da vida de células T reactivas ao dador em desenvolvimento recente (ou seja, a manutenção da tolerância). Na maioria dos modelos experimentais de quimerismo misto, as células T maduras reactivas ao dador pré-existentes são primeiro eliminadas de forma inespecífica através da destruição de todo o repertório de células T. Isto pode ser conseguido através de mieloablação. Isto pode ser conseguido através de irradiação total do corpo (TBI) mieloablativa, medicamentos citotóxicos ou depleção exaustiva de células T com anticorpos citotóxicos. Mais recentemente, tornou-se possível inativar e eliminar apenas as células T específicas do dador, deixando o restante repertório de células T essencialmente intacto, utilizando um mecanismo que envolve a indução da eliminação clonal periférica após o TMO com reagentes de bloqueio coestimulatório. Depois de ter sido criado um "quadro limpo" no sistema imunitário periférico, os modelos de quimiotipo misto mantêm a tolerância específica do dador, emulando o principal mecanismo de auto-tolerância da natureza. As células estaminais do dador, que são infundidas por via intravenosa, são enxertadas no compartimento BM do recetor, onde coexistem com as células estaminais do recetor e dão origem a células de todas as linhagens hematopoiéticas enquanto o quimerismo persistir.

As células progenitoras hematopoiéticas provenientes da MO semeiam o timo, dando origem a um subconjunto especializado de células chamadas células dendríticas tímicas, que são mediadores eficazes da eliminação clonal intratímica. A deleção clonal é a eliminação de células T com determinada especificidade antigénica. Para além das células dendríticas, outros tipos de células derivadas da MO podem também participar neste processo. No timo, as células T auto-reactivas são eliminadas clonalmente durante a sua maturação através do processo fisiológico de seleção negativa. Os antigénios expressos em células de origem hematopoiética no timo são os mediadores mais eficazes da seleção negativa. No caso de quimeras mistas, as células hematopoiéticas tanto do recetor como do dador localizam-se no timo e, por conseguinte, medeiam a eliminação de células T reactivas ao hospedeiro e ao dador por seleção negativa. Consequentemente, o novo repertório de células T em desenvolvimento nas quimeras mistas é tolerante tanto em relação ao dador como ao hospedeiro. Este estado de tolerância é mantido enquanto existirem níveis suficientes de células apresentadoras de antigénios do dador no timo, o que, por sua vez, depende da persistência de um número adequado de células estaminais hematopoiéticas do dador na MO (Weekerle e Sykes, 2001).

6.4.2. Tecnologia anti-sentido

A tecnologia anti-sentido oferece um dos métodos mais eficazes de conceção de medicamentos para inibir seletivamente a expressão de um ARNm específico. Em teoria, as fases metabólicas de um ARNm específico deveriam ser bloqueadas depois de um oligonucleótido (oligo) anti-sentido com uma sequência correspondente se ligar a uma determinada região do ARNm específico. No entanto, de facto, um oligo anti-sentido pode aceder e ligar-se apenas a algumas sequências de nucleótidos que estão posicionadas fora da complexa estrutura tridimensional de uma molécula de ARNm. No entanto, apesar destas limitações, a tecnologia anti-sentido oferece uma clara vantagem sobre todos os fármacos anteriormente descritos. As vantagens incluem: (1) a possibilidade de atingir qualquer ARNm, (2) maior afinidade e especificidade em comparação com as dos fármacos clássicos e melhor conceção dos fármacos, porque tanto o oligo anti-sentido como o ARNm específico partilham a mesma química. Consequentemente, é possível ter como alvo as moléculas que são importantes no processo de rejeição ou as que são utilizadas exclusivamente por células T ou células B, evitando assim vários efeitos tóxicos não específicos. Por exemplo, um oligo anti-sentido da molécula de adesão intercelular I (ICAM-l) foi concebido para se ligar à extremidade 3' do ARNm que codifica a ICAM-I, que está localizada no citoplasma das células. Após a ligação, o duplex do ARNm do ICAM-I com o oligo antisense ICAIVI-I é digerido pela enzima ribonuclease H da célula, destruindo assim o ARNm do ICAM-1 e impedindo a síntese da proteína ICAM-1 nos ribossomas. Dado que os oligos fosfodiésteres naturais (oligos PD) são rapidamente hidrolisados por muitas nucleases após a injeção intravenosa, foram testadas várias modificações químicas para melhorar a resistência *in vivo* dos oligos. Uma destas modificações, o oligo fosforotioato (PS-oligo), contém um grupo de enxofre em vez de átomos de oxigénio sem ponte na espinha dorsal do fosfato, tendo-se revelado resistente tanto às endonucleases como às exonucleases. Além disso, os PS-oligos são mais estáveis do que os PD-oligos e, devido à sua carga negativa, podem ligar-se a elementos com carga positiva nas membranas celulares. Durante os últimos 5 anos, a maior parte do trabalho experimental e todos os ensaios clínicos utilizaram oligos PS anti-sentido. Foram desenvolvidas e testadas *in vitro* e *in vivo* muitas modificações químicas desses oligos; por exemplo, os oligos-PS foram associados a grupos 2'-metoxietil1 (ME) numa ou em ambas as extremidades, ou foram misturados com oligos-PD ou outros oligos-PS. Estas modificações melhoraram a afinidade dos oligos para o ARNm alvo entre cinco e 20 vezes; melhoraram também a semi-vida dos oligos *in vivo* e a sua resistência às nucleases. No entanto, é necessário desenvolver formulações orais de PS-ME-oligos para administração a longo prazo. Embora nos ratos os oligos-PS tenham apresentado uma excelente biodisponibilidade após administração intravenosa, bem como uma boa biodisponibilidade após injecções intraperitoneais ou subcutâneas (ambas de 30%), a biodisponibilidade oral foi negligenciável (2%). Foram efectuados estudos exaustivos utilizando um potenciador para aumentar a biodisponibilidade dos oligoelementos PS-ME. Serão testados novos hemistíquios para a próxima geração de oligos, num esforço para aumentar a sua localização em diferentes órgãos (Chatenoud, 1998).

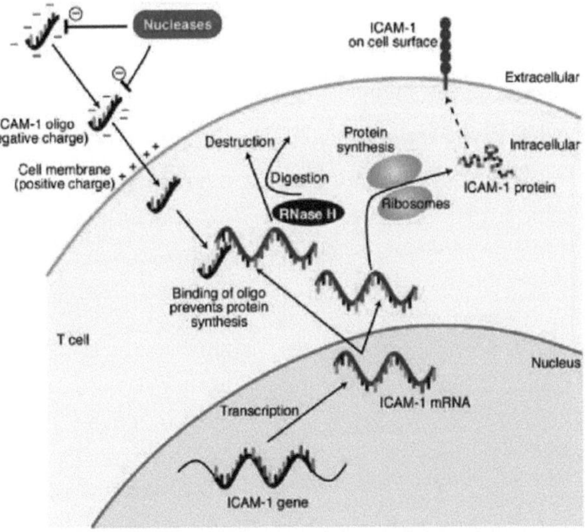

Figura 4: Mecanismo de ação dos oligonucleótidos antisense da molécula de adesão intercelular 1 (ICAM-1). Antes de entrarem nas células, os oligonucleótidos antisense ICAM-1 podem ser danificados por nucleases. Diferentes modificações químicas (por exemplo, a ligação de grupos fosforotiatos) impedem a danificação por nucleases. As cargas negativas dos oligonucleótidos anti-sentido facilitam a sua ligação às membranas celulares carregadas positivamente. No citoplasma, os oligonucleótidos anti-sentido do ICAM-1 ligam-se à sequência específica das moléculas de ARN mensageiro (ARNm) do ICAM-1. A formação de duplexes oligonucleótido-RNAm ativa a enzima ribonuclease H (RNase H), que corta o RNAm do ICAM-1, impedindo a síntese da proteína ICAM-1 (Stepkowski 2000).

6.4.3. Correspondência de antigénios leucocitários humanos (HLA)

A ativação imunitária do recetor pode ser minimizada através da correspondência entre os antigénios de histocompatibilidade principal (MHC) do dador e os do recetor.

Dos loci MHC classe-I e classe-II, é mais importante fazer a correspondência dos antigénios

HLA-A, HLA-B e HLA-DR. Um indivíduo é diploide, pelo que é necessário fazer a correspondência de dois antigénios HLA-A, dois antigénios HLA-B e dois antigénios HLA-DR. Assim, uma correspondência completa é uma "correspondência de seis antigénios" de acordo com as práticas normais de tipagem de tecidos. Esta é a situação ideal, quando um dador e um recetor partilham todos os seis antigénios; uma "compatibilidade zero" ou "incompatibilidade de seis antigénios" é a pior situação. As estatísticas de sobrevivência do enxerto de acordo com a incompatibilidade HLA mostram que o resultado do enxerto piora à medida que o grau de incompatibilidade aumenta. É mais importante corresponder aos antigénios HLA-DR, sendo a rejeição aguda mínima nos receptores de rins e corações totalmente compatíveis com HLA-DR (Rous-Freiss *et al.,* 2003).

CAPÍTULO 7

MEDICAMENTOS IMUNOSSUPRESSORES

Atualmente, foi adoptada uma vasta gama de fármacos imunossupressores para controlar as respostas imunitárias indesejadas, em especial as que provocam doenças auto-imunes e a rejeição de transplantes. Estes fármacos têm de ser administrados a longo prazo e actuam penalizando todo o sistema imunitário, apesar de apenas uma pequena percentagem dos linfócitos do organismo ser efetivamente responsável pela lesão dos tecidos. Isto significa que o médico tem de equilibrar cuidadosamente a dose do medicamento com o risco de infeção, cancro e outros efeitos secundários indesejáveis. Seria preferível controlar apenas os grupos de linfócitos responsáveis, deixando os outros livres para lidar normalmente com os agentes infecciosos. As pistas para o conseguir provêm da compreensão da forma como o sistema imunitário evita reagir ao "eu" e do aproveitamento desses mecanismos de tolerância para reprogramar o sistema. Estudos efectuados em modelos de ratos mostram que cursos curtos de anticorpos monoclonais (mAbs) dirigidos a moléculas-chave dos linfócitos são capazes de produzir tolerância a longo prazo a partir de uma terapia de curta duração. O principal desafio para a evolução de novas formas de imunossupressão será aplicar o princípio da reprogramação ao sistema imunitário humano.

O medicamento imunossupressor de primeira geração a ser utilizado no transplante de órgãos, nomeadamente a 6-mercaptopurina, foi originalmente desenvolvido como um citostático

e anti-proliferativo contra o crescimento neoplásico. Embora a 6-mercaptopurina tenha evitado a rejeição do aloenxerto em animais, o seu derivado imidazol, a azatioprina, provou ser menos tóxico e foi, por isso, utilizado clinicamente no transplante renal. No entanto, apesar da sua menor toxicidade, a azatioprina causou uma depressão grave da medula óssea e não conseguiu bloquear as células T pré-sensibilizadas. De facto, a incorporação generalizada de um metabolito ativo da azatioprina, o ácido 6-tioinosínico, nos ácidos nucleicos do ADN e do ARN provoca quebras cromossómicas em muitos tipos diferentes de células. Os progressos significativos na transplantação começaram com a descoberta da segunda geração de inibidores selectivos das células T; estes incluíam a ciclosporina A, o tacrolimus e o sirolimus. No entanto, a ciclosporina e o tacrolimus apresentam nefrotoxicidades sobrepostas, enquanto o sirolimus produz hiper-trigliceridemia. A 15-desoxi-pergualina, outro inibidor seletivo das células T, tem uma utilização limitada no transplante devido à sua baixa biodisponibilidade e toxicidade considerável. Os efeitos *in vivo* no ser humano e o mecanismo de ação do novo agente FTY72O são ainda desconhecidos. Recentemente, foram desenvolvidos inibidores mais selectivos da síntese de nucleótidos, incluindo o micofenolato de mofetil, a brequinar e a leflunomida; estes agentes constituem a segunda geração de fármacos imunossupressores antiproliferativos. No entanto, embora o micofenolato de mofetil diminua significativamente a incidência de rejeições em receptores de aloenxertos renais, parece não ter qualquer efeito nas taxas de sobrevivência do enxerto a longo prazo, ao passo que tanto a brequinar como a leflunomida são significativamente tóxicas. O campo da terapia imunossupressora enfrenta agora um novo desafio: desenvolver uma terceira geração de agentes que sejam altamente selectivos para os seus alvos de ação, mas sem efeitos secundários tóxicos. A nova tecnologia anti-sentido emergente poderá permitir a conceção de terapias imunossupressoras orientadas para os genes e eliminar as preocupações com a toxicidade. Esta nova tecnologia baseia-se na conceção de oligonucleótidos (oligos) anti-sentido curtos (16-22 nucleótidos) que têm uma sequência correspondente à do ARNm visado. A ligação dos oligonucleótidos antisense ao ARNm alvo impede a produção de proteínas, bloqueando assim seletivamente a função celular. Embora esta abordagem ofereça possibilidades ilimitadas de seleção de alvos, é necessário introduzir melhorias químicas para produzir oligos mais resistentes às nucleases e para melhorar a entrega às células (Lowenberg *et al.,* 2007: Matas *et al.,* 2003).

7.1. Medicamentos não específicos corticosteróides

Os corticosteróides foram os primeiros agentes imunossupressores a serem utilizados clinicamente e têm duas utilizações principais: doses baixas de manutenção administradas durante um longo período após o transplante ou grandes doses em bolus administradas num período muito curto. Corticosteróides em doses baixas:

- Suprimir a ativação dos macrófagos
- Reduzir a expressão das moléculas de adesão no endotélio

- Suprimir a expressão de antigénios MHC no enxerto
- Interferir com a função de apresentação de antigénios das células dendríticas
- Inibem a proliferação dos linfócitos, interrompendo a atividade intracelular vias de sinalização necessárias para a ativação celular.

As doses elevadas de corticosteróides em bolus são utilizadas para tratar episódios de rejeição porque os linfócitos activados são susceptíveis à apoptose induzida por corticosteróides. Assim, os corticosteróides em bolus são utilizados para eliminar um grande número de células B e T activadas de doentes com episódios de rejeição (Waldman, 2001).

Heparinas

Os linfócitos T activados expressam uma endoglicosidase que degrada especificamente a porção de sulfato de heparano da matriz extracelular subendotelial (ECM), que sela o compartimento vascular. Verificou-se que esta heparanase está associada à capacidade das linhas de linfócitos T reactivos à mielina básica

(BP) para penetrar na barreira hemato-encefálica, para se acumular no sistema nervoso central e para causar encefalomielite autoimune experimental (EAE). Os inibidores da heparanase são menos eficazes em doses mais elevadas do que em doses mais baixas, tanto *in vivo* como *in vitro*. É improvável que a inibição competitiva seja o mecanismo pelo qual as heparinas inibem as reacções mediadas por células T, porque a inibição da enzima livre *in vivo* não parece diminuir com concentrações mais elevadas de heparinas (manuscrito em preparação). De facto, os dados preliminares sugerem que o efeito inibitório das heparinas pode resultar de uma interação direta com os linfócitos T, levando a uma diminuição da expressão da heparanase pelas células. Este efeito celular das heparinas parece ser mais eficiente numa concentração óptima, explicando assim as características peculiares de dose-resposta da inibição da reatividade mediada por células T (Lider *et al.,* 1989).

Agentes anti-proliferativos

Os corticosteróides, por si só, não impedem completamente a ativação das células T, em parte porque são demasiado tóxicos para serem administrados em doses suficientes. O próximo tipo de agente imunossupressor introduzido foi o antiproliferativo, que actua para impedir a grande expansão do número de linfócitos activados. A azatioprina é um agente antiproliferativo e, durante muitos anos, o protocolo imunossupressor padrão foi a imunossupressão dupla com azatioprina e corticosteróides. Outra abordagem consiste em inibir as vias bioquímicas das quais os linfócitos dependem para a sua proliferação e ativação. O micofenolato inibe uma enzima, a inosina monofosfato desidrogenase, envolvida na via *de novo* da síntese de ADN. Os linfócitos em proliferação dependem quase exclusivamente da via de síntese de novo do ácido desoxirribonucleico (ADN), pelo que o micofenolato tem um efeito notavelmente específico nos linfócitos. Inibe a expansão do número de células T e B, impedindo assim a produção de anticorpos, bem como os mecanismos celulares de rejeição do enxerto. Outra vantagem do micofenolato em relação à aza-tioprina é o facto de ser um inibidor não competitivo da síntese de ADN (inibe um cofator necessário para a atividade enzimática da inosina monofosfato desidrogenase), ao contrário da azatioprina, que se incorpora como análogo de purina no ADN das células em divisão, causando danos no ADN e, por conseguinte, tendo atividade mutagénica.

O medicamento mais recente a ser aprovado para uso clínico é a rapamicina. Este agente inibe os sinais de ativação dos linfócitos emitidos pelo recetor da interleucina-2. A sua ação ainda está a ser elucidada, mas liga-se a um recetor citosólico e interfere com a progressão dos linfócitos através do ciclo celular em resposta à interleucina-2. É um agente anti-proliferativo que interfere com a via da interleucina-2 de ativação dos linfócitos. Os fármacos imunossupressores actuam em diferentes vias da cascata de ativação imunitária (Waldman, 2001).

Inibidor da calcineurina

Em 1980, foi descoberto um agente que inibia a síntese da interleucina-2 (e de outras citocinas como o fator de necrose tumoral-A e o interferão-A): a ciclosporina. Uma vez conhecido o modo de ação da ciclosporina, foi identificado outro agente (FK506, tacrolimus) com as mesmas propriedades (ou seja, inibição da produção de interleucina-2). A ciclosporina e o tacrolimus inibem uma enzima chamada calcineurina, uma fosfatase importante na ativação do gene da interleucina-2. A introdução clínica da ciclosporina revolucionou a transplantação, melhorando drasticamente os resultados e alargando a aplicabilidade da transplantação a doentes anteriormente não transplantáveis, incluindo crianças. Durante 15 anos, o "padrão de ouro" para a imunossupressão foi a terapêutica tripla com corticosteróides, ciclosporina e azatioprina, mas os inibidores da calcineurina têm efeitos secundários tóxicos, nomeadamente nefrotoxicidade (Stepkowski, 2000).

Micofenolato de mofetil

O micofenolato de mofetil é o éster 2-morfolinoetil do ácido micofenólico, produzido por várias espécies do género fúngico *Penicillium*. No fígado, o micofenolato de mofetil é convertido por hidrólise do éster no seu metabolito ativo, o ácido micofenólico, que inibe de forma não competitiva e reversível a atividade da inosina monofosfato desidrogenase (IMPDH) tipo I e II durante a síntese de ADN na fase S do ciclo celular. Como a via de recuperação da síntese de purinas nos linfócitos é menos ativa do que a síntese de novo, os linfócitos dependem da conversão de 5-fosforibosil-1-fosfato (PRPP) em inosina monofosfato (IMP). Por sua vez, o IMP é convertido em monofosfato de guanosina (GMP) pela IMPDH. Na via de recuperação, a guanina é convertida em GMP pela enzima hipoxantina-guanina fosforibosiltransferase (HGPRTase). Durante a ativação das células T, a atividade das enzimas IMPDH de tipo I e II aumenta dez vezes. Em contraste com o micofenolato de mofetil, a azatioprina inibe várias enzimas na via de síntese de novo. A redução das concentrações de trifosfato de desoxiguanosina pelo ácido micofenólico foi invertida com a adição de ribonucleótido de desoxiguanosina (Waldman, 2001).

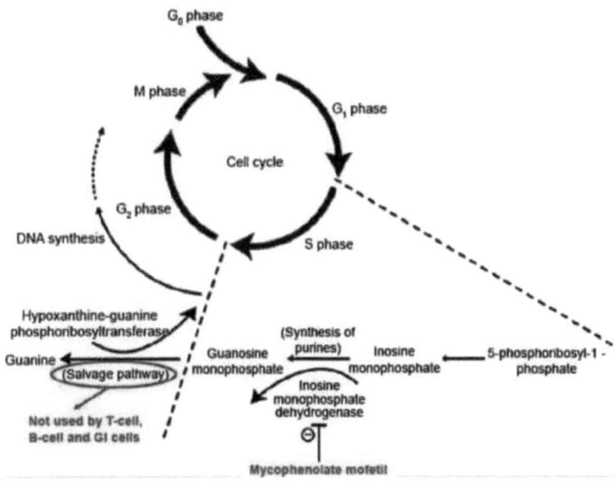

Figura 5: Diagrama que mostra o mecanismo de ação do micofenolato. A IMPDH é a enzima inibida pelo micofenolato, interrompendo o ciclo celular na fase S. Todas as células do corpo, exceto os linfócitos e as células GI, utilizam a via de recuperação com a ajuda da HGPRT para completar o ciclo celular (Stepkowski 2000).

Brequinar

Tal como outros agentes anti-proliferativos, o Brequinar foi originalmente desenvolvido como agente antitumoral. A brequinar é um derivado sintético do ácido carboxílico da difluoroquinolona [sal sódico do ácido 6-fluoro-2-(2'-fluoro-1,1'bifenil-4-il)-3-metil-4-quinolina carboxílico]. Embora a brequinar apresente efeitos antitumorais numa vasta gama de concentrações, apresenta efeitos anti-linfócitos apenas numa gama relativamente estreita. A brequinar inibe de forma não competitiva a enzima diidroorotato desidrogenase (DHODH), que converte o diidroorotato em ácido orótico. Esta conversão é fundamental para a formação de uridina e citidina, ambas necessárias para a síntese de ADN e ARN. Brequinar inibe a proliferação de linfócitos numa cultura mista de linfócitos (MLC); tem uma concentração inibitória de 50% ($1C_{50}$) de 0,15 pg/ml. Brequinar inibe as respostas de rejeição a um xenoenxerto mediadas pelo anticorpo imunoglobulina M (1gM) em modelos de xenoenxerto de coração de hamstertorat. Brequinar é solúvel em água, tem uma biodisponibilidade de 90% e atinge concentrações máximas no plasma 2-4 horas após a administração oral. A brequinar é metabolizada no fígado pelo sistema citocromo oxidase P450 e é excretada principalmente nas fezes (66%) e, em menor grau, na urina (23%). A administração oral de brequinar a ratos durante 30 dias não afectou a farmacocinética da ciclosporina. Com base nos resultados que indicam uma biodisponibilidade elevada e uma semi-vida longa, foi recomendada a administração oral de brequinar em dias alternados. A combinação de brequinar com ciclosporina e/ou sirolimus foi sinérgica, como demonstrado pela análise do efeito mediano. Em primatas, a combinação de brequinar e ciclosporina também prolongou a sobrevivência do enxerto.

Leflunomida

A leflunomida é um derivado do isoxazol [N-(4- trifluoro-metilfenil)-5-metilisoxazol-4-carboxamadida], que demonstrou inibir os sintomas da artrite, da glomerulonefrite induzida por anticorpos anti-membrana basal, do lúpus eritematoso sistémico e da nefrite túbulo-intersticial. A leflunomida também demonstrou prolongar a sobrevivência dos rins em ratos e cães. Embora os dados iniciais sugiram que a leflunomida inibe parcialmente a produção de IL-2, a administração de IL-2 exógena não conseguiu restaurar as respostas proliferativas das células T. Assim, foi levantada a hipótese de que a leflunomida inibe a ativação das células T através do bloqueio das famílias lck e fyn de tirosina quinases. Estas enzimas estão associadas à transdução de sinais de receptores de factores de crescimento como a IL-2, a IL-3 e o fator de necrose tumoral alfa (TNF-a), mas não a interleucina 1 (IL-1). Contudo, os dados mais recentes mostram que a leflunomida inibe a transdução de sinal após a ligação da interleucina 4 (IL-4) ao recetor de IL-4 (IL-4R). Uma vez que a adição de uridina e citidina às células T tratadas com leflunomida restaurou as respostas proliferativas do núcleo T, é mais provável que a leflunomida iniba a síntese de pirimidina, possivelmente como a brequinar, através da inibição da DHODH. Após a sua administração, a leflunomida é rapidamente metabolizada para formar um metabolito ativo, A771726, que é apenas ligeiramente solúvel em água. Em roedores, o A771726 tem uma semi-vida de 10-30 horas, que é dez vezes mais longa do que a sua semi-vida no ser humano. Uma vez que a absorção da leflunomida varia significativamente entre indivíduos e produz efeitos adversos graves, poderá ser necessário desenvolver análogos menos tóxicos da leflunomida (Stepkowsky, 2000).

7.2. Medicamentos que bloqueiam especificamente a função das células T

Ciclosporina

A ciclosporina, um undecapeptídeo cíclico derivado de extractos do fungo *Tolypocladium inflatum*, apresenta uma potente atividade imunossupressora. Como primeiro fármaco seletivo das células T, a ciclosporina revigorou o campo da transplantação, que há muito tinha estagnado devido às complicações da supressão da medula óssea (milosupressão) que acompanham a terapêutica à base de azatioprina. A ciclosporina liga-se à sua imunofilina, a ciclofilina, para inibir a fosfatase calcineurina e, assim, impedir a geração do potente fator nuclear das células T activadas (NF-AT), como se mostra na Figura. Este passo é essencial para a regulação positiva do ARNm de várias citocinas, em especial da IL-2, necessária para a proliferação e maturação das células T, e do interferão gama (IEN-y) que, por sua vez, é fundamental para a ativação dos macrófagos (Figura 6).

As principais limitações da ciclosporina são as suas várias toxicidades; a sua nefrotoxicidade, em especial, é grave, uma vez que vários tipos de células, incluindo as do cérebro, do coração e do rim, necessitam da calcineurina para funcionar. Apesar dos testes exaustivos, nenhum dos análogos da ciclosporina se revelou isento de efeitos nefrotóxicos. A nefrotoxicidade da ciclosporina está associada a depósitos mucóides nas arteríolas, fibrose focal potenciada pela vasoconstrição, um equilíbrio perturbado do cálcio iónico, um equilíbrio alterado da prostaciclina para o tromboxano e ativação da pró-renina. Lamentavelmente, as concentrações de ciclosporina que são apenas minimamente eficazes produzem efeitos nefrotóxicos, especialmente em rins com danos pré-existentes. Até à data, não foi encontrada nenhuma terapia eficaz para prevenir ou mesmo atenuar a lesão nefrotóxica induzida pela ciclosporina. A outra grande limitação da ciclosporina é a sua incapacidade de prevenir a nefropatia crónica do transplante. Em primeiro lugar, a ciclosporina é menos eficaz a bloquear a função das células B do que a das células T e, por conseguinte, inibe mal a produção de anticorpos. Os anticorpos anti-doadores estão envolvidos na nefropatia crónica. Em segundo lugar, embora a ciclosporina iniba a produção de IL-2 e TFN-y pelas células T-helper 1 (Th1), é menos eficaz no bloqueio da síntese de IL-4, interleucina 5 (IL-5) e interleucina 7 (IL-7) pelas células T-helper 2 (Th2). Em terceiro lugar, a ciclosporina regula diretamente o fator de crescimento transformador beta (TGP-13), que é responsável pela atividade fibrogénica nos transplantes renais. Por último, a idade do dador, a lesão de isquémia-reperfusão pré-transplante e a variabilidade intra-individual das concentrações de ciclosporina nos receptores de transplantes renais são factores de risco que podem levar à rejeição crónica nos receptores tratados com ciclosporina (Ruuth e Kurle, 1998).

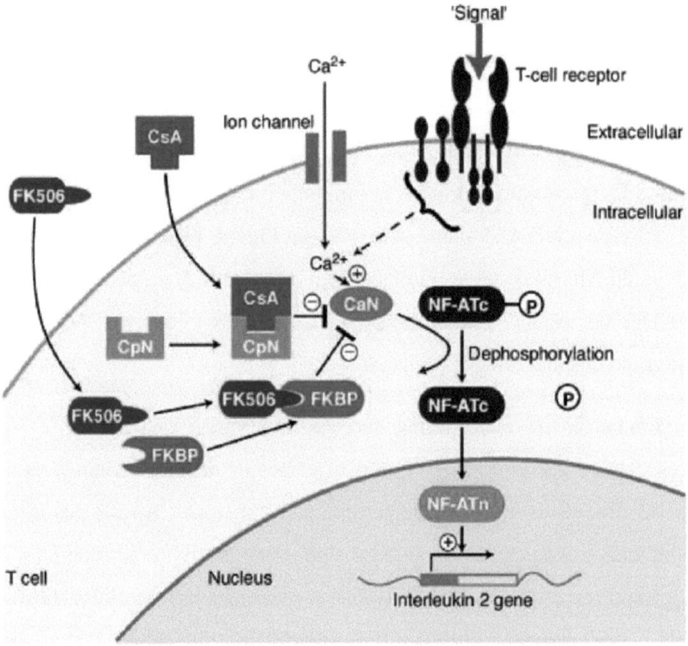

Figura 6: Mecanismo de ação da ciclosporina ou do tacrolimus (FK506). No citoplasma, a ciclosporina (CsA) liga-se à sua imunofilina, a ciclofilina (CpN), formando um complexo entre a ciclosporina e a CpN. O complexo ciclosporina-CpN liga-se e bloqueia a função da enzima calcineurina (CaN), que tem uma atividade de serina/treonina fosfatase. Em consequência, a CaN não consegue desfosforilar o componente citoplasmático do fator nuclear das células T activadas (NF-ATc) e, por conseguinte, o transporte do NF-ATc para o núcleo e a ligação do NF-ATc ao componente nuclear do fator nuclear das células T activadas (NF-ATn). O complexo NF-ATc-NF-ATn liga-se ao promotor do gene da interleucina 2 (IL-2) e inicia a produção de IL-2. Consequentemente, as células T não produzem IL-2, que é necessária para a ativação total das células T. O tacrolimus (FK506) liga-se à proteína de ligação ao FK506 (FKBP), formando um complexo FK506-FKBP, que se liga ao CaN e o bloqueia. O complexo FK506-FKBP-CaN inibe a ativação do NF-ATc, impedindo assim a sua entrada no núcleo. Embora os pré-fármacos
A ciclosporina e o FK506 ligam-se a moléculas-alvo diferentes, mas ambos os medicamentos inibem a ativação das células T da mesma forma (Stepkowski 2000).

Tacrolimus (FK506)

O tacrolimus é o produto macrólido da bactéria *Streptomyces tsukubaensis*, que inibe a produção de IL-2 pelas células T de uma forma semelhante à da ciclosporina. Depois de o tacrolimus formar um complexo com as proteínas de ligação a FK (FKBPs), o complexo inibe a atividade fosfatásica da calcineurina, bloqueando assim a atividade do componente citoplasmático do fator nuclear das células T activadas (NFATc).

Num ensaio clínico multicêntrico europeu que envolveu 545 receptores de transplante hepático, o grupo tratado com tacrolimus apresentou uma taxa de episódios de rejeição aguda de 43,4%, em comparação com 53,6% para o grupo tratado com ciclosporina. Neste estudo, tanto a toxicidade renal como as complicações neurológicas foram mais frequentes nos doentes tratados com tacrolimus. Resultados semelhantes foram observados num ensaio realizado nos EUA, que envolveu 478 receptores de transplantes hepáticos. O chamado tratamento de resgate, que utilizou tacrolimus para o tratamento da rejeição aguda refractária do aloenxerto, atribuída à ciclosporina, resultou no retorno das concentrações de creatinina sérica aos níveis basais (normais); a melhoria foi também confirmada pela análise histológica das biópsias renais. Foram comunicados casos semelhantes de recuperação após episódios de rejeição refractária em transplantes hepáticos, cardíacos e combinados de pâncreas e rim. As toxicidades induzidas pelo tacrolimus incluem hiperglicemia (em 31,4% de todos os doentes examinados), nefrotoxicidade (27,1%), dor no peito, desconforto no peito, palpitações, eletrocardiograma anormal (18,6%), distensão abdominal (18,6%) e tremores (10%) (Ruuth e Kurle, 1998).

Sirolimus

O sirolimus é um composto macrocíclico produzido pela bactéria *Streptomyces hygroscopicus e* foi originalmente desenvolvido como agente anti-candidato e anti-tumoral. Embora tanto o tacrolimus como o sirolimus se liguem ao FKBP 25 (Figura 7), o efeito molecular do sirolimus é distinto do efeito baseado na calcineurina do tacrolimus ou da ciclosporina (Ruuth e Kurle, 1998).

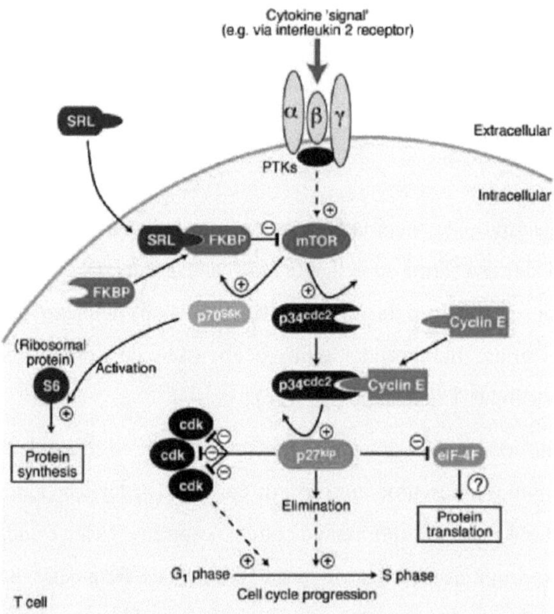

Figura 7: Mecanismo de ação do sirolimus (rapamicina). Embora o pré-fármaco sirolimus (SRL) se ligue à proteína de ligação ao FK506 (FKBP, que é a mesma molécula que se liga ao FK506), o complexo que se forma entre o SRL e a FKBP liga-se ao alvo mamífero da rapamicina (mTOR). O complexo SRL-FKBP-mTOR inibe as vias bioquímicas necessárias para a progressão celular através da fase G_1 tardia ou para a entrada na fase S do ciclo celular. Assim, ao contrário da ciclosporina (CsA) e do FK506 (que bloqueiam a produção de citocinas), o SRL bloqueia a transdução do sinal das citocinas. Pensa-se que o SRL tem como alvo: (1) a proteína quinase S6 de 70 kD $p70^{S6K}$; (2) o fator de iniciação eucariótico eIF-4F; (3) as proteínas quinase dependentes da ciclina (cdk) que controlam

a fase G1, como a

D2 ciclina cdk2, D2 ciclina cdk6 ou E ciclina cdk2 e (4) a proteína inibidora de cinase Kipl ($p27^{kip}$), que bloqueia a progressão celular para a fase S. Abreviaturas utilizadas: $p34^{cdc2}$ = uma quinase; PTKs = proteínas tirosina quinases (Stepkowski 2000).

Limitações dos agentes que bloqueiam especificamente a função das células T

Tanto a ciclosporina como o tacrolimus são nefrotóxicos e não conseguem bloquear a rejeição crónica do enxerto. Embora o sirolimus interaja sinergicamente com a ciclosporina, eleva as concentrações de ciclosporina, aumentando assim o risco de efeitos nefrotóxicos. Além disso, o sirolimus provoca hiper-trigliceridemia. A utilização da 15-desoxi-pergualina é limitada pela sua toxicidade e baixa biodisponibilidade; os efeitos do FTY720 no ser humano são ainda desconhecidos (Ruuth e Kurle, 1998).

CAPÍTULO 8

CONCLUSÕES

Apesar da melhoria dramática da sobrevivência precoce dos enxertos, a superação da perda tardia dos enxertos causada pela rejeição crónica e pelas consequências letais da imunossupressão a longo prazo, como a infeção e o cancro, exige esforços contínuos da comunidade de transplantes. A capacidade de reduzir, limitar temporariamente ou mesmo eliminar completamente a necessidade de fármacos imunossupressores convencionais sem provocar rejeição é o Santo Graal da medicina de transplantação. A indução de tolerância é uma abordagem promissora para atingir estes objectivos. Atualmente, as estratégias baseadas na imuno-modulação com células T reguladoras parecem muito atractivas. De particular interesse é saber se essas terapias podem adiar ou mesmo prevenir a rejeição crónica do transplante, um problema não resolvido da medicina de transplantação. Embora a aplicação clínica das terapias baseadas em péptidos ainda esteja longe, a sua promessa é tão grande que justifica a continuação da investigação. A sua contribuição para a nossa compreensão do complexo fenómeno da aloreactividade e das possibilidades de manipulação orientada das células T aloreactivas faz com que a análise dos péptidos sintéticos allo-MHC tenha um valor inestimável.

REFERÊNCIAS

Adams, A. B., Shirasugi, N., Jones, T R. e Larsen, C.P. 2003. A imunossupressão convencional é compatível com a indução de tolerância ao quimerismo baseada no bloqueio de co-estimulação. *American Journal of Transplantation,* 3: 895-901.

Andrade, C.F., Waddell, T.K., Keshavjee, S. e Liu, M. 2005. Imunidade inata e transplante de órgãos: o papel potencial dos receptores toll like. *American Journal of Transplantation*, 5: 969-975.

Baratin, M., Leduc, C. e Daniel, C. 2004. A produção de aloanticorpos é regulada pela via aloreactiva das células T $CD4^+$, em vez da frequência dos precursores ou da diferenciação Thl/Th2. *American Journal of Transplantation*, 4: 12371245.

Benichou, G. 1999. Reconhecimento direto e indireto de antigénios: as vias para a rejeição imunitária de aloenxertos. *Frontiers in Bioscience*, 4: 476-480.

Bode, D.C., O'Shea, U. e Changelian, P.S. 2004. JAK3 inhibition, a viable new modality of Immuno-suppression for solid organ transplants (Inibição de JAK3, uma nova modalidade viável de imunossupressão para transplantes de órgãos sólidos). *Tendências em Medicina Molecular,* 10: 532-541.

Borrebacek, C.A. e Carbon, R. 2001. Anticorpos terapêuticos humanos. *Current Opinion in Pharmacology,* 1: 404-408.

Braun, M.Y., Grandjean, I., Feunon, P., Duban, L., Kiss, R., Goldman, M. e Lantz, O. 2001. Rejeição aguda na ausência de reconhecimento cognato do aloenxerto por células T. *Associação Americana de Imunologistas,* 22: 4879-4883.

Chatenoud, L. 1998. Anticorpos tolerogénicos e proteínas de fusão para prevenir a rejeição de enxertos e tratar a autoimunidade. *Molecular Medicine, Today,* 5: 25-30.

Dubernard, J.M. 2005. Aloenxerto de tecido composto: Um desafio para o transplantologista. *American Journal of Transplantation*, 5: 1580-1581.

Fairchild, R. L. 2006. Desenvolvimento de modelos para estudar a barreira das células T de memória no transplante. *American Journal of Transplantation,* 6: 1246-1247.

Fairchild, R.L. 2003. O yin e o yang do IFNy na rejeição de aloenxertos. *American Journal of Transplantation*, 3:913-914.

Gangappa, S., Larsen, C.P. e Pearson, T.C. 2007. Aloimunidade: sem isenção de portagem. *American Journal of Transplantation*, 7:34.

Gibson, T. e Medawer, P.B. 1943. The fate of skin homografts in man. *Journal of Anatomy*, 77: 299-3 16.

Heeger, P.S. 2003. Aloreconhecimento de células T e rejeição de transplantes: um resumo e uma atualização. *American Journal of Transplantation,* 3: 525-533.

Heeger, P.S. 2003. O que está na moda e o que há de novo no transplante: Ciência básica ATC 2003. *American Journal of Transplantation,* 3:14741480.

Keene, J. e Forman, J. 1982. Helper activity is required for the *in vivo* generation of cytotoxic T lymphocyte. *Journal of Experimental Medicine,* 155: 768-782.

Kim, F., Lee, F., Lee, J., Park, H., Chang, C., Jung, D., Lee, S. e Kim, S. 2006. O bloqueio de dois sinais com anticorpos monoclonais anti CD45RB anti-CD 154 inibe a rejeição do enxerto através de mecanismos dependentes de CD4 em

transplante de pele alogénico. *Experimental and Molecular Medicine,* 38: 984-94.

Kurtz, J., Ito, H., Wekerle, T., Shaffer, J. e Sykes, M. 2001. Mechanisms involved in the establishment of tolerance through costimulatory blockade and BMT: Lack of requirement for CD4OL-mediated signaling for tolerance or deletion of donor-reactive CD4' cells. *American Journal of Transplantation,* 1:329-349.

Larsen, C.P., Hankins, D.F., Morris, P.J. e Austyn, J.M. 1990. Migração e maturação de células de langerhans em transplantes e explantes de pele. *Journal of Experimental Medicine,* 172: 1483-1493.

Lefrancois, L. e Beven, M. 1984. A reexamination of the role of Lyt-2 positive T cells in murine skin allograft rejection. *Journal of Experimental Medicine,* 159: 57-67.

Lider, O., Baharav. F., Mekori, Y.A., Miller, T., Naparstek, Y., Viodavaky, I. e Cohen, I.R. 1989. Supressão de doenças auto-imunes experimentais e prolongamento da sobrevivência de aloenxertos através do tratamento de animais com doses baixas de heparinas. *Journal of Clinical Investigation,* 83:752-756.

Loveland, B.E., Hogarth, P.M., Ceredig, R. e McKenzie, I.F.C. 1981. Cells mediating graft rejection in the mouse (Células mediadoras da rejeição do enxerto no rato). *Journal of Experimental Medicine,* 153: 1044-1057.

Lowenberg, M., Verhaar, A.P. e Hommes, D.W. 2007. Glucocorticoid signaling: a non genomic mechanism for T cell immuno-suppression. *Tendências em Medicina Molecular,* 13:158-163.

Matas, A.J., Kandaswamy. R., Gillingham, K.J. e Humar, A. 2003. Imunossupressão de manutenção sem prednisona - uma experiência de 5 anos. *Americano Journal of Transplantation,* 6: 2473-2478.

Matsuo, S., Kurisaki, A., Sugino, H., Hashimoto, H. e Nakanishi, H. 2007. Análise da sobrevivência de enxertos de pele utilizando ratos transgénicos com proteína fluorescente verde. *The Journal of Medical Investigation,* 54: 267-275.

Medawer, P.B. 1944. The behavior and fate of skin autografts and skin homografts in rabbits. *Journal of Anatomy,* 78: 157-177.

Miuochi, T., Golding, H., Rosenberg, A.S., Malek, T.R. e Singer, A. 1985. Tanto as células T auxiliares L3T4+ como as Lyt-2+ iniciam respostas de linfócitos T citotóxicos contra antigénios de histocompatibilidade major alogénicos, mas não contra self modificado com trinitrofenilo. *Journal of Experimental Medicine,* 162: 427443.

Moine, A.L. e Goldman, M. 2003. Vias não clássicas de rejeição de aloenxertos mediada por células: novos desafios para a indução de tolerância. *American Journal of Transplantation,* 3: 101-106.

Molinero, U.L., Zhou, P., Harllin, H., Kee, B., Abraham, C. e Alegre, M.L. 2008. As células de langerhans epidérmicas promovem a rejeição de aloenxertos de pele em ratinhos com células T com deficiência de NFkB. *American Journal of Transplantation,* 8: 21-31.

Otto, C. e Ultiches, K. 2004. The immunology of allograft rejection: a survey of current knowledge and a discussion of peptide specific anti rejection strategies. *Transplantation Medizine,* 16: 158-171.

Raulet, D.H. e Michael, J.B. 1982. Helper T cells for cytotoxic T lymphocytes need not be I region restricted. *Journal of Experimental Medicine,* 155:

1766-1784.

Recusen, L.C. 2003. Patologia e a resposta alo-imune. *American Journal of*

Transplantation, 3: 1461-1462.

Rogers, N.J. e Lechler, R.I. 2001. Allorecognition. *American Journal of Transplantation,* 1: 97-102.

Rosenberg, A.S. e Singer, A. 1992. Cellular basis of allograft rejection: an in viva model of immune-mediated tissue distinction. *Revisão Anual de Imunologia,* 10: 333-358.

Rosenberg, A.S., Mizuochi, I., Sharroxv, S.O. e Singer, A. 1987. Phenotype, specificity, and function of T cell subsets and T cell interactions involved in skin allograft rejection. *Journal of Experimental Medicine,* 165: 1296-1214.

Rosenberg, A.S., Munotz, T.U, Maniero, T.G. e Singer, A. 1991. Cellular basis of skin allograft rejection across a class I major histo-compatibility barrier in mice depleted of $CD8^+$ T cells *in vivo*. *Journal of Experimental Medicine,* 173: 1463-1471.

Rosenberg. A.S. e Singer, A. 1988. Evidências de que o mecanismo efetor da rejeição de aloenxertos de pele é específico para o antígeno. *Proc. Natl. Acad. Sci.,* 85: 77397742,

Rosenberg. A.S., Mizuochi, I. e Singer, A. 1988. Evidência do envolvimento de células T de dupla função na rejeição de enxertos de pele dispersos de MHC classe I. *Journal of Experimental Medicine,* 168: 33-45.

Rouas-Ereiss, N., LeMaoult, I., Morean, P., Dausset, J. e Carosella, E.D. 2003. HLA-G em transplantes: Uma molécula relevante para a inibição da rejeição do enxerto. *American Journal of Transplantation*, 3: 11-16.

Ruuth, E. e Kurrie, R. 1998. As malononitrilamidas previnem sinergicamente a rejeição aguda e tratam a rejeição contínua de aloenxertos de rim com ciclosporina. *Transplant. International,* 11: 340-344.

Simpson, E. 2004. Reminiscências de Sir Peter Medawer: Na esperança de tolerância a transplantes específicos de antigénios. *American Journal of Transplantation,* 4: 1937-1940.

Starzi, T.S., DEmetris, A.J., Murase, N., Trucco, M. e Thomson, A.W. 1996. The lost chord: microchimerism and allograft survival. *The Immunology Today,* 17: 577-584.

Stepkowski, S.M. 2000. Molecular targets for existing and novel immunosuppressive drugs. *Revisões especializadas em medicina molecular,* 21: 1-23.

Taner, T., Morelli, A.E. e Thomson, A.W. 2005. As células dendríticas quentes, tratadas com rapamicina e pulsadas com aloantigénio, induzem a regulação de células T específicas de Ag e prolongam a sobrevivência do enxerto. *American Journal of Transplantation,* 5: 228-236.

Tesar , B.M., Jiang, D., Liang, J., Palmer, S.M., Noble, P.W. e Goldstein, D.R. 2006. The role of hyaluronan degradation products as innate alloimune agonists (O papel dos produtos de degradação do hialuronano como agonistas inatos da aloimunidade). *American Journal of Transplantation,* 6:2622-2635.

Toby, P., Coates, H. e Thomson, A.W. 2002. Dendritic cells, tolerance induction and transplant outcome (Células dendríticas, indução de tolerância e resultado do transplante). *American Journal of Transplantation,* 2: 299-307.

Waldman, H. 2001. Abordagens terapêuticas para o transplante. *Current Opinion in Immunology,* 13: 606-610.

Wang, Z., Larregina, A.T., Shufesky, W. J., Perone, M.J., Thomson, A.W. e Morelli, A.E. 2006. Utilização do efeito inibitório de células apoptóticas em células dendríticas

para a sobrevivência do enxerto através da eliminação de células T e de células T reguladoras. *American Journal of Transplantation,* 6: 1297-1311.

Wekerle, T. e Sykes, M. 2001. Mixed chimerism and transplant tolerance (Quimerismo misto e tolerância ao transplante). *Revisão Anual de Medicina,* 52: 353-370.

MIX
Papier aus verantwortungsvollen Quellen
Paper from responsible sources
FSC® C105338

Printed by Books on Demand GmbH, Norderstedt / Germany